Johann Valentin Müller

Medizinisches praktisches Handbuch der

Frauenzimmerkrankheiten

Johann Valentin Müller

Medizinisches praktisches Handbuch der Frauenzimmerkrankheiten

ISBN/EAN: 9783743466173

Hergestellt in Europa, USA, Kanada, Australien, Japan

Cover: Foto ©berggeist007 / pixelio.de

Weitere Bücher finden Sie auf **www.hansebooks.com**

nung, wenn sie nicht mit der äußersten Langsamkeit geschieht. Von dem Kopfe des Kindes, der sich in das Becken hintergesenket, werden der Mastdarm, die Harnblase und der näher bei dem Halse liegende und mehr empfindliche Theil der Gebährmutter gedrückt, und verursachen eine schmerzliche Empfindung: das nun völlig ausgewachsene Kind dehnt die Gebährmutter auf allen Seiten aus, und mit desto grösserer Beschwerde, weil wegen des Abgangs des Wassers, die Gliedmassen und der Kopf mehr erhaben werden, und desto heftiger an die Gebährmutter anstossen. Man glaubt der Mutterkuchen selbst, der nunmehr sein grösstes Wachsthum erreicht, ziehe auch die innere nackte Fläche der Gebährmutter auseinander. Aus dieser Ursache entsteht zuerst in der gereizten Gebährmutter ein flüchtiges Bestreben sich der Last zu entledigen, und endlich wenn diese Ursachen den höchsten Grad erreichet, entsteht von dem eingesteckten Kopfe des Kindes, eine beschwerliche Empfindung, so ungefähr wie aus der Anhäufung des Koths in dem Mastdarm zu entstehen pflegt, und durch diesen Schmerz wird die Mutter gezwungen die Geburt zu befördern.

§. 146.

§. 146.

Von dem natürlichen Zeitpunkt der Entbindung.

Die Schwangerschaft des Frauenzimmers ist einem beständigen Naturgesetz unterworfen, und hat wie bei allen Thieren seinen bestimmten Zeitraum. Dieses war die Meinung aller Zeiten und aller bekannten Völker. So dachten die Juden — die Griechen — die Römer über einerlei Gegenstand; und so denken noch heutiges Tages alle Nazionen in den vier Theilen unserer Erdkugel, ohnerachtet der Verschiedenheit des Klima — der Lebensart und der Sitten. Eine solche Uebereinstimmung zwischen Völker, welche doch sonst in gar keiner Verbindung miteinander stehen, kann nichts anders als die Frucht einer unveränderlichen Beobachtung seyn, und ist daher mit Recht für einen Beweis der Richtigkeit unserer Meinung anzusehen.

So bestimmt nun aber das Ziel der Niederkunft bei einem Frauenzimmer ist, so muß man jedoch aber nicht glauben, als ob solches von der Minute zu nehmen sey, und man, sobald man die Stunde der Empfängniß gewiß wisse, auch die Stunde und den Augenblick der Niederkunft voraussagen könne, so wie man etwa
eine

eine Sonnen = oder Mondsfinsterniß vorhersagen kann. Dieser Zeitpunkt leidet gewisse Abwechslungen, nicht nur in Rücksicht auf die Entbindung der verschiedenen Frauenzimmer, sondern auch selbst auf die verschiedenen Entbindungen einer und der nemlichen Person. Das Frauenzimmer genießt vielerlei Nahrungsmittel, und auf gar verschiedene Weise zugerichtete Speisen — ist mehr oder weniger beträchtlichen Unverdaulichkeiten unterworfen — überläßt sich heftigen Leidenschaften — genießt die ehelichen Umarmungen die Schwangerschaft hindurch — lauter Ursachen welche verschiedentliche Eindrücke auf das Kind machen, und die Niederkunft beschleunigen oder verzögern können.

Sichere Betrachtungen und Erfahrungen, die jeder aufmerksame Ehemann, ohne Arzt und Naturkundiger in eigentlichem Verstande zu seyn machen kann, beweisen zur Genüge, daß der wahre und von dem Schöpfer angeordnete Termin die Niederkunft, eines übrigen gesunden Frauenzimmers bei gleichmäßig guter Beschaffenheit der in ihrem Schoose befindlichen Frucht der Anfang des zehenten Monats, oder die vierzigste Woche ihrer Schwangerschaft seye. Ich läugne deswegen nicht, daß Fäle vorkommen können, da die Frucht eine gewisse, ja wohl sehr lange Zeit über diesen angegebenen

Zeit-

Zeitpunkt, im Schoofe der Mutter verbleibt. Allein dieses sind gar besondere und mit vielen ungewöhnlichen Umständen begleitete Fälle, welche ob sie zwar einige Ausnahme von der Regel zu machen scheinen, dennoch die Regel keineswegs entkräften: am allerwenigsten aber bei der, nach dem Tode des Vaters, zu spät erfolgenden natürlichen Niederkunft der arglistigen Mutter und ihrem Bastard zur Entschuldigung dienen können. Man wird selten einen solchen Fall von einem nach Vaters Tod zur Welt gekommen, zwölf-oder dreizehnmonatlichen Kind bei wenig Leuten antreffen, wo wenig durch ein nachgebohrnes Kind zu gewinnen stehet, sondern mehrentheils nach dem Tode eines Manns, welcher viel Vermögen und keine Kinder hinterläßt, so daß daher dessen Nachlaß auf seinem Collateralerben fällt. In diesem Betracht ist es allerdings schwer, nicht den Verdacht zu fassen, daß die Absicht, sich in dem Besitz eines Vermögens, das man verliehren soll, zu erhalten, nicht weitern Antheil an der Geburt eines solchen Spätlings habe, und unter solchen Umständen die Weiber aus vortheilhaften Absichten wissentlich und vorsezlich betrügen sollten — zweifelhafte Richter und Aerzte sollten in solchem Fall ja alle Umstände wohl beherzigen, und dann würde die Ergründung der Wahrheit eben nicht so schwer fallen.

§. 147.

Geschichte der Geburt.

Nach dem achten Monate der Schwangerschaft, beobachtet man daß die Gebährmutter den höchsten Grad ihrer Erweiterung erreicht habe. Dann ist der Unterleib, vom Schaambein bis in die Mitte zwischen dem Nabel und dem Brustbeine am höchsten angeschwollen; und um den Nabel bildet sich eine deutliche, stumpfrunde Erhebung, die sonst den Brustbeinknorpel berührt. Die obersten Seitentheile des Unterleibs, nemlich die Gegenden der falschen Rippen, sind dann am meisten erweitert und angefüllt, deswegen den Schwangern der Athem mehr als gewöhnlich kurz und beschwerlich ist. Auf die höchste Erweitung der Gebährmutter folget nach einiger Zeit die allmälige Senkung derselben, die oberste Rundung des Unterleibes verliehrt sich — die Spannung zwischen den Rippen läßt nach, und das Athemholen ist leichter. Nunmehr aber raget der Unterleib so weit herfür, daß die schwangere Frau zu gehen gezwungen wird, die Schaamlefzen und untere Gliedmassen fangen an zu schwellen — in der Mutterscheide erzeuget sich ein häufiger zäher, weißlicher Schleim, der sich täglich vermehrt: es befällt die Schwangern
ein

ein Trieb, den Urin und Stuhlgang öfters als
sie gewohnt ist, von sich zu lassen, gegen Abend
empfinden sie eine kurze, aber schnelle und öf=
ters anfallende, schmerzhafte Spannung, welche
in der Lenden= und Nabelgegend anfängt, und
sich in der Beckenhöhle mit dem Gefühle einer
geringen Niederdrückung endiget.

Während der Dauer dieser kleinen noch un=
bekannten Schmerzen, erröthet der Schwangern
das Gesicht — die Lippen des Mundes drü=
cken sich zusammen — die Schwangere ergreift
den ersten besten Gegenstand, und hält ihn so=
lang mit den Händen fest, als der niederdrü=
ckende Schmerz dauert. Die baldige Nachlas=
sung der Schmerzen setzet aber alles wieder in
vorigen Zustande und Ruhe.

Dieses Gefühl nennt man die voraussagen=
den Wehen. Sie stellen sich gemeiniglich ge=
gen Abend ein, und verliehren sich in dem Bet=
te durch die gestreckte Lage des Leibes. - Die=
jenigen welche öfters gebohren, und eine
schlappe Leibesbeschaffenheit haben, fühlen die=
se voraussagende Wehen weniger, als die zum
erstenmal Schwangere. Die das erstemal
Schwanger sind, werden durch diese Wehen
oft betrogen: indem sie glauben, daß die Ge=
burt schon ihren Anfang nehme — und hier ist
der Zeitpunkt, in welchem die Hebammen oft
den schändlichen Fehler begehen, die Frau in

Ec den

den Kreisstuhl setzen, und oft ganze Tage zu
Geburtsarbeit anstrengen. Daher kommt es
daß oft Schwangere ganze Tage in dem Mar=
terstuhl gesessen, und hernach noch beinah drei
Wochen bis zur Geburt gegangen sind — Die=
ser Umstand kann zur Entzündung und andern
schlimmen Zufällen Gelegenheit geben.

Hier muß man um Gewißheit zu erhalten
die Untersuchung vornehmen; und man wird
beim Anhalten dieser Wehen mit dem Finger we=
der eine merkliche Erweiterung des Muttermun=
des, noch eine Anspannung der Wasserblase ver=
spüren, und kann schon der Schwangern sagen,
daß die Geburt noch nicht anfange, sondern
noch zu erwarten sey.

Endlich ziehet die Natur mehrentheils den
Vorhang unvermuthet auf, und die wahre Ge=
burt, nimmt auf folgende Art ihren Anfang.

Anfänglich fühlt die Gebährende langsam
wiederkommende Wehen, oder krampfigte Zu=
sammenziehung der Gebährmutter und des Un=
terleibes.

Diese Wehen halten nicht lange an, sind
kurz, und setzen lange aus: sie sind auch nicht
heftig; aber nach einiger Zeit werden sie stär=
ker, schmerzhafter, und halten länger an, kom=
men geschwinde aufeinander, zwingen die Ge=
bährerin den Athem an sich zu halten, und so=
lang die Wehe anhält, so ist der Unterleib hart

anzu=

anzufühlen. Und diese schmerzhafte krampfigte Zusammenziehung der Gebährmutter nennt man das Kreißen, oder die Geburtsarbeit.

Untersuchet man mit dem Finger die Würkungen dieser Wehen, so fühlet man daß der Muttermund eine zirkelrunde, und gleiche Erweiterung leide. Daß derselbe beim Anfall der Wehen erweitert gespannt und steif werde — und daß sich eine Wasserblase, die den Kopf der Frucht bedeckt, anspanne und in die Oefnung des Muttermundes gedrücket werde.

Auſſer der Wehe kann man alsdann deutlicher, die Lage des Kopfs wahrnehmen: indem er durch die Erweiterung des Muttermundes immer tiefer und stärker in die obere Oefnung des Beckens nieder sinket. Seine Näthe — Fontanellen — wie nicht weniger ihr Klopfen, sind alsdann sehr merklich zu erkennen. Je mehr und stärker aber der Kopf in die Beckenhöhle eintritt, destomehr schieben sich seine Näthe und Fontanellen übereinander — und nach dem Grade dieser Uebereinanderdrückung gehet die Fortrückung des Kopfes geschwinder vor sich. Er gehet durch die obere Oeffnung des Beckens, und selbst durch die Beckenhöhle, wird er so lange gerad herabgeschoben, bis er die untere Krümungen des heiligen Beins erreicht hat — Nun ist kein Muttermund fast mehr zu fühlen: dann indem der Kopf immer tiefer heruntersinkt

wird jener allmälig so sehr erweitert und ver»
dünnet, daß er zulezt ganz verschwindet: dann
erkennet man die gänzliche Erweiterung des
Muttermundes durch den mit Blut vermischten
Schleim, womit der forschende Finger des Ge»
burtshelfers bestrichen wird.

Die Wasserblase ist bei dieser Fortrückung
des Kopfs groß geworden — sie bleibt bestän»
dig gespannt, und um etwas wird sie unter
den Wehen steif, jedoch ohne wie vorher bei
der Nachlassurg der Wehe schlapp zu werden.

Nun ist der Zeitpunkt der Geburt vorhan»
den, die Gebährende und die Umstehenden hö»
ren unter einer starken Wehe schnell einen klei»
nen Platz, worauf sich plözlich ein Strom von
ein bis zwei Unzen Wasser mit aller Gewalt
aus der Schaam stürzt.

Bald hierauf werden die Wehen heftiger —
kommen schneller, und halten mit stärkeren
Schmerzen und Zittern der Glieder an; diese
nennt man die erschätternden Wehen.

Diese Wehen befördern die Geburt. Der
Puls wird hart — geschwinder und voller — die
von Blut strozenden Augen funkeln — die
Wangen erröthen — das Angesicht glühet — der
Schweiß bricht überall besonders im Gesicht
aus; die Glieder zittern besonders die Beine —,
die Gebährende bebet, und schaudert ohne Käl»
te — sie knirscht mit den Zähnen und Lippen —

ihre

ihre Gesichtsmiene wird wild, drohend — die Stimme kirrend und heller, und mit zerrütteten Haaren heulet manchmal die Gebährerin wie eine Verzweifelte; bis unter dem höchsten, und fast unerträglichen Grade der erschütternden Wehen, bei der Erstgebährenden, das Leßenband des Mittelfleisches entzweireißt, und die Frucht, nebst dem ihr nachfolgenden Gewässer, mit der grössten Gewalt, ohne fremde Hülfe, durch die sich erweiternde Schaam herfürbricht.

Kaum ist das Kind gebohren, so verlieren sich augenblicklich alle schmerzhafte Empfindungen: die Gebährerin genießt die angenehmste Augenblicke der Ruhe — eine süsse Stille erquicket den matten Körper — die Hitze nimmt allmälig ab — der Schweiß und die Röthe der Wangen verliehren sich — die Augen werden schläfrig — das bleiche Gesicht lächelt vergnügt, die liebreichen Armen umfassen freudig das wohlgestaltete Kind, und die Entbundene schlummert sanft ein.

Befühlt einer gleich nach der Geburt des Kindes die innere Geburtstheile der Mutter: so findet man den Muttermund, wie einen schlappen, abgeschnittenen Darm in die Scheide hangend, woran die hintern Theile länger und dürrer scheinen, als der vordere. Der Gebährmutter Hals fängt am ersten an, sich etwas zusammenziehen. Durch diesen schlängelt sich die Nabelschnur in eine grössere Höhle, an deren Grund der Mutterkuchen fest anhängt.

Nach Verlauf einer halben Stunde erwacht die Mutter wieder, weil sich neue Schmerzen einstellen, die vorigen Krämpfe tretten aufs neue ein, jedoch in einem geringern Grade — Hierdurch wird der Mutterkuchen, aus der Gebährmutter durch den Muttermund in die Scheide getrieben, woraus man ihn vollends durch eine gelinde Anziehung der Nabelschnur, samt den Häuten herfürbringt.

Diese Empfindungen heißt man die Nachwehen, welche vermittelst Abtreibung des Mutterkuchens und seiner Häute die Nachgeburt bilden. So endiget die Natur von sich selbst und ohne fremde Hülfe, die ganze Geburtshandlung. Nach Ausführung des Mutterkuchens beobachtet man durch das Zufühlen, daß sich der Gebährmutter Hals ziemlich zusammenziehe: die Zusammenziehung des Muttermundes hingegen geschieht langsam, und erst nach Verlauf einiger Tagen.

Nach Endigung des Wochenbettes stellen sich Gesundheit und Kräfte wiederum ein, nur verbleiben die äussern und innern Geburtstheile etwas schlapp und erweitert: und im Muttermunde fühlt man einige kleine Narben, welche
das

das gewisseste Zeichen einer gewesenen Wöchnerin ausmachen.

§. 148.
Nothwendigkeit einer Gebährenden beizustehen.

Ein Stand ohne welchen wir alle nicht seyn würden, verdienet gewiß alle unsere Hochachtung, und man muß von keinem Weibe gebohren seyn, wenn man nicht alle Hülfe zur Unterstützung einer Gebährenden leisten wollte. Kein thierisches Geschöpfe hat fremder Beihülfe bei dem Gebähren so vonnöthen, als das menschliche Weib. Man hat dieses aus gutem Grunde der vorzüglichen Grösse des menschlichen Kopfs zuzuschreiben; und es ist sehr wahrscheinlich, daß auch die grössere Empfindlichkeit des menschlichen Baues viel dazu beitrage: weil wir sehen, daß überhaupt zu reden, die am wenigsten zärtlichen mit gröbern Fasern versehenen Mütter, wenn sonst alles gleich ist, dem gebähren mit leichterer Mühe abwarten, und weniger auszustehen haben, als die empfindliche Dame, welcher fast aller Nachdruck zu dieser Arbeit fehlet, und welche daher so oft, entweder aus allzustarker Anspannung — von übermäßiger Reizbarkeit ihres Nervenbaues, oder aus gänzlichem

chem Mangel der Kräften, und die durch eine Art von Lähmung, ausbleibenden Geburtswehen, von diesem Geschäfte zu grunde gerichtet wird. Was man immer aus Reißbeschreibungen, von der grossen Leichtigkeit gesagt hat, mit welcher gewisse Völker ihre Weiber ins allgemeine Gebähren sahen, scheinet entweder ziemlich unzuverläßig, oder es gründet sich das Gegentheil davon unter uns, auf die großen Veränderungen in der weiblichen Natur und Leibesstärke — auf die fehlerhafte Lebensart — oder auf natürliche Folgen einer mangelhaften physischen Erziehung — und es ist gewiß daß bei jenen Völkern die schweren Geburten wegen einer widernatürlichen Lage des Kindes, eben so leicht vorkommen können, als bei uns; und daß in solchem Falle, die Vortheile einer besseren Leibesbeschaffenheit, zu einer glücklichen Entbindung wenig beizutragen vermögend sind. Ein vollkommen-schief oder quer liegendes Kind, kann durch die beste Gesundheit und Leibesstärke der Mutter, nicht geschwinder gebohren werden, wo diese Lagen nicht durch die Kunst verbessert werden, und das menschliche Geschlecht hat also, um glücklich gebohren zu werden, meistens den Beistand seines gleichen vonnöthen; und es kommt auf die Geschicklichkeit dieser Beihülfe, und auf den Zeitpunkt ihrer richtigen Anwen-

dung

dung an, daß die Gefahr der Geburt um vieles vermindert werde.

§. 149.

Bereitung einer Gebährerin.

Sobald man aus den gegebenen Zeichen muthmaßet, daß die Geburt wirklich anfange: so soll die Gebährende

1) Sich sehr leicht ankleiden: sie soll nichts als einen weiten Rock, und sonst keine Kleider, außer was nur wegen der Schamhaftigkeit, Entblößung und Erkältung nothwendig ist, anziehen.

2) Man umwickle die Füsse von den Knöcheln bis auf die Knie mit einer Binde, um die Krampfadern der Füsse zu verhindern, oder wenn solche schon zugegen sind, um zu verhindern daß sie nicht aufspringen.

3) Bei vollblütigen Gebährenden, und insonderheit bei vollblütigen Erstgebährenden, soll man vor der Geburt auf dem Fusse zur Ader lassen. Man hüte sich aber solches bei erschöpften Gebährenden vorzunehmen.

4) Man gebe ein erweichendes Klystir aus Oel und Milch, oder ungesalzener Fleischbrühe. Diese Klystire sind allen Gebährenden sehr dien-

lich, damit nicht der Koth in dem After der Geburt einen Auffchub verurfacht, oder während derfelben herausgedruckt werde.

5) Sollen fie den Urin laffen, fo oft fie können. Würde aber dies freiwillig nicht gefchehen können, fo muß man den Katheder anlegen.

6) Um eine Gebährende zu ftärken, foll fie eine gute Suppe zu fich nehmen — und die fchwächliche können einige Schlucke guten Weins genieffen, den Vollblütigen hingegen ift der Wein fchädlich.

7) Eine Gebährende foll fich beim Anfange der Wehen aller feften und ftarken Speifen enthalten.

8) Alle hitzige, fogenannten geburtbefördernde Tropfen oder Pulver find fchädlich.

9) Alles unzeitige, übertriebene und unnöthige Kreifen der Gebährenden muß vermieden werden.

10) Die erften Wehen müffen ganz gelinde — je länger und ftärker fie aber werden, um fo ernftlicher bearbeitet werden: wenn anderft die Geburt und Lage des Kindes natürlich ift. Ift aber die Lage widernatürlich: fo muß man der Gebährenden alle Ausarbeitung der Wehen verbieten. Sie muß fich bemühen, diefelbe ohne alle Mitarbeitung vorbeigehen zu laffen. Denn jemehr die Wehen das Kind in der widernatürlichen Lage in die

Be=

Beckenhöhle herabdrucken, desto härter wird alsdann die Wendung zu machen seyn; weil alles Wasser hierdurch aus der Gebährmutterhöhle gedruckt wird, und die Gebährmutter sich gänzlich über die Leibesfrucht zusammen zieht.

§. 150.

Die Lage zur Geburt.

Zur natürlichen Geburt kann eine Gebährende, ihr Bette, den Geburtsstuhl oder das künstliche Geburtsbette sich erwählen, wenn sonst keine Gegenanzeige sich vorfindet. Die widernatürliche Geburten, welche die Wendung, oder eine Operation erfordern, müssen in dem künstlichen Bette, oder in Abgang dessen auf dem Querbette gemacht werden.

Die ersten Wehen kann eine Frau liegend, sitzend, oder stehend ausarbeiten. Nur müssen in jeder Lage die Lenden, die unteren und oberen Gliedmassen also befestiget seyn, daß sie bequem kreißen könne.

Sobald die Wehen den Kopf so weit in die Scheide herabgetrieben, daß derselbe mit den zwei Gliedern des Zeigefingers schon kann gefühlet werden: so ist es Zeit die Frau in die Lage zur Geburt zu bringen.

Frau=

Frauenzimmer, welche schnellen Geburten, einem Vorfall oder Bruch unterworfen sind, sollen nicht in dem Stuhle, sondern in dem Bette gebähren. Die Frauen erkälten sich auch zuweilen in den Stühlen, und bekommen nach der Geburt starken Frost und Schauer.

Uebrigens kann die Frau in einem Bette viererlei Lagen machen: auf dem Rücken, auf der rechten, oder linken Seite, und denn also daß sie sich auf die Hände und Knie stützet.

§. 151.

Widernatürliche und schwere Geburt. Von einem Fehler der Gebährenden.

Wenn das Kind zwar von der Natur, aber nicht leicht und in kurzer Zeit, sondern sehr langsam, und mit besondern Zufällen gebohren wird; so ist es eine schwere natürliche Geburt.

Kann aber das Kind von der Natur gar nicht, sondern muß dasselbe durch die Kunst, das ist, durch eine Wendung, oder durch den Gebrauch der Instrumente gebohren werden, so heißt es eine widernatürliche Geburt — oder eine künstliche Geburt.

Aus-

Aus diesem erhellet, daß alle widernatürliche Geburten zwar schwer, aber nicht alle schwere Geburten widernatürliche sind.

Damit aber eine Geburt natürlich und leicht hergehe: so wird erfordert, daß weder ein Fehler in der Gebährenden, noch an dem Kinde, noch an den Theilen die zu dem Kinde gehören vorhanden sey; und daß auch von der Hebamme oder dem Geburtshelfer keiner begangen werde. Es kann blos eine Geburt schwer, oder gar widernatürlich von einem Fehler an der Gebährenden, oder an dem Kinde, oder an beiden zugleich werden.

Die Gebährerin kann Schuld haben, wann Sie entweder zu jung — oder zu alt — oder zu empfindlich oder gar melancholischen Temperaments ist — Ferner wenn eine üble Bildung des Beckens der Schamlippen — der Scheide — des Muttermundes — der Gebährmutter, und der an die Gebährmutter angränzenden Theile vorhanden, welche Fehler alle vorzüglich und weitläuftig in denen Schriftstellern welche von der Entbindungskunst geschrieben, abgehandelt werden, wohin ich Kürze halber meine Leser verweise. Wir wollen nur einige Zufälle welche in das medizinische Fach einschlagen berühren.

Fehler an den Weben. Wer eine Frau nur einmal gebähren gesehen hat, der wird ganz deutlich beobachtet haben, daß bei Ausarbei-

tung

tung der Wehen nicht nur allein die Gebähr=
mutter, das Zwerchfell, und die Bauchmuskeln
arbeiten, sondern es scheinen fast alle Muskeln,
fast alle Theile in dem ganzen Körper sich in
Bewegung zu setzen, um die Geburtsarbeit zu
bewirken.

Wenn in einer natürlichen Geburt, da das
Kind eine gute Lage hat, und sonst kein Fehler
an der Mutter ist, die wahren Wehen spar=
sam kommen — schwach werden, oder sich
gar verliehren; so muß man die Ursachen
davon zu entdecken, und zu heben suchen. Oft
ist Vollblütigkeit diese Ursache. Die meisten
Geburtshelfer haben beobachtet, daß bei voll=
blütigen Gebährerinnen nicht selten die Wehen
sehr schwach sind, oder gar ausbleiben; und
man hat alsdann auch ganz deutlich gesehen,
daß nach einer am Fuß angestellten Aderlaß die
Wehen häufiger und stärker sich eingefunden ha=
ben — man setze ein Klystire — besonders aber
enthalte man sich aller hitzigen, starken und
scharftreibenden Mittel, weil man dadurch eine
Blutstürzung oder Entzündung der Gebährmut=
ter verursachen kann. Ist zu große Reizbarkeit
die Ursache, so dienet der Mohnsaft, und liegt
die Schuld in Schwäche, so ist der Wein von
wahrem Nutzen, wenn man dann und wann
einen Löffelvoll genießen läßt. Ist das Frauen=
zimmer hysterisch und entstehen Krämpfe, so
dienet

dienet eine Mischung aus anderthalb Quentchen schmerzstillenden Hofmännischen Liquor sechs Unzen Kamillenwasser, und einem halben Quentlein flüßigen Laudanum, ein Thee von Schafgarbe und Kamillenblumen, erweichende Klystire aus Kamillen, und warme Umschläge über den Unterleib. Ist kurz vorher die Ausdünstung unterdruckt worden, und gesellen sich rheumatische Schmerzen zu den Wehen, welche dieselbe schwächen und unterdrücken, so dienet folgende Mixtur.

R. Aq. fl. Sambuc.
       Chamomill. aa. Unc. 3.
Spirit. Mindereri. Unc. 1.
Tartari solubil. dr. 3.
Syr. flor. Persicor. dr. 6.
S. M. D. S. Alle Stund 1 Eßlöffelvoll
   zu nehmen.

Nimm Hollunderblüthwasser.
     Kamillenblumenwasser von jedem
    sechs Loth.
Minders Geist zwei Loth.
Auflößlichen Weinstein drei Quentlein.
Pfirsischblütsirup sechs Quentlein.

Die Reizung des Muttermundes indem man denselben mit den Fingern in etwas ausdehnt, das Reiben des Unterleibs und der Brüste — und die Zurückdruckung des Steißbeines, erwecken sicher wahre Wehen.

2) Seb.

2) **Fehler an den Kräften.** Hier ist die Gebährerin wegen einer vorhergegangenen oder auch gegenwärtigen Krankheit manchmal im ganzen Körper so schwach, daß sie die wahren Wehen mit erforderlichem Drucke nicht bearbeiten kann, und muß die Hand des Geburtshelfers die Entbindung vollziehen. Auch die Ungeschicklichkeit, die Wehen zu bearbeiten, kann bei Erstgebährerinnen eine Verlängerung der Geburt machen. Denn durch ihr Schreien und durch die beständige Veränderung der Lage zur Geburt, unterdrücken sie die Wehen, ohne daß sie solche recht ausarbeiten — Hier muß der Geburtshelfer solche Personen belehren, wie sie die Wehen ausarbeiten müssen, es geschiehet auch oft daß unverständige Hebammen, die wahren und falschen Geburtswehen nicht voneinander zu unterscheiden wissen, und die Gebährende zu früh zur Ausarbeitung falscher Wehen anstrengen: Hier wird die Gebährende erhitzet, geschwächet, das Kinds Wasser geht zu frühe ab, und der Kopf des Kindes bekommt öfters eine üble Lage, und wenn darauf sich wahre Wehen einstellen, sind sie meistens sehr schwach und unordentlich. Es sollen sich daher die Hebammen die Kenntniß der Wehen in Rücksicht auf ihre Verschiedenheit wohl bekannt machen, um sich bei vorkommender Gelegenheit schicklich bezeigen zu können.

3) An-

3) Anhäufung des Harns und der Excremente. Wenn eine Gebährende nicht gleich zu Anfange der Geburt den Harn von sich läßt; so kann sie denselben oft nicht lassen, wenn der Kopf schon so weit in die Beckenhöhle eingepreßt ist, daß die Harnröhre zusammengedrückt wird. In diesem Fall sammlet sich oft eine so große Menge Urin in der Blase, daß solche gleichsam einen zweiten Bauch über den Schaambeinen bildet, und also die Gebährmutter ganz schief drucket. Die Geburt wird folglich langsam und beschwerlich, und die Urinblase ist durch das heftige Drücken in Gefahr zu zerreissen; man muß alsdann den Urin durch den Katheter herauszulassen suchen, oder, so dieses nicht möglich wäre, so muß man mit der Hand den Kopf zurück, und aufwärts zu drücken suchen, damit sich die Blase von dem Urin entledigen kann. Excremente in dem Mastdarm können auch eine Aufhaltung der Geburt bewirken, deswegen müssen bei anfangender Geburt einige Klystire gegeben werden, um die Därme auszuleeren.

4) Anschwellen der Goldader. Wenn gegen das Ende der Schwangerschaft die Anschwellung der Goldader entweder in dem After, oder gar in der Höhle der Scheide sich einstellet; so druckt der Kopf des Kindes in seinem Ausgange den Mastdarm fast ganz eben, und

die

die Geburt wird überaus schmerzhaft. Hier muß man den Dampf von warmen Waſſer an den leidenden Theil gehen laſſen — erweichende Bähungen — Blutigel appliziren, und das goulardiſche Waſſer aufſchlagen.

5) **Konvulſionen.** Meiſtens tödten die Konvulſionen Mutter und Kind. Wenn eine Gebährende, aus was immer für Urſachen, eine Konvulſion befällt, ſo muß der Arzt die innere Urſache aufzuſpähen ſuchen. Sind Unreinigkeiten der erſten Wege Schuld ſo gebe man Tamarinden, Molken — erweichende Klyſtire, Kamillenthee. Iſt eine widernatürliche allzugroße Empfindlichkeit und Reizbarkeit zugegen, ſo dienet der Mohnſaft. Bewerkſtelligt die Natur die Geburt nicht ſelbſt und bald, ſo muß man das Kind, nach Geſtalt der Sache, durch die Kunſt entbinden.

Die Fehler welche von Seiten des Kindes durch eine übele Lage die Geburt erſchweren, gehören hieher nicht, ſondern werden weitläuftig in denen Schriftſtellern die von der Entbindungskunſt geſchrieben abgehandelt worauf ich verweiſe.

§. 152.

§. 152.

Kennzeichen eines nicht völlig ausgetragenen Kindes.

Der Fall von Geburten welche vor dem neunten Monat erscheinen, kommt öfteres vor, besonders in dem siebenten Monat. Ein Siebenmonatskind wird an folgenden Zeichen erkannt.

1) Wenn die Haut so zart ist, daß sie bei der geringsten Berührung verlezt wird.

2) Wenn auf dem Hirnschädel keine Haare sind.

3) Wenn die Fontanelle auf dem Kopf so zart und weich ist, daß man durch das Gesicht und Gefühl die Bewegungen des Gehirns wahrnehmen kann.

4) Wenn die Suturen an dem Hirnschädel weit voneinander stehen.

5) Die Ohrenläppchen sind unvollkommen.

6) Die Kinder können keinen vernehmlichen Laut von sich geben, sondern schreien wie eine junge Kaze.

7) Sie bewegen sich nicht viel.

8) Die Finger sind noch nicht ganz ausgebildet, ja manchmal ganz zusammengewachsen. Auch fehlen an den Fingern die Nägel.

9) Oftmals können sie für Schwachheit weder Urin noch Koth von sich geben.

10) Wenn man den Unterleib gegen die Sonne hält, so kann man die Gedärme wahrnehmen.

11) Sie können nicht saugen.

Bei einer solchen, frühzeitigen Geburt hat der Arzt auf folgende Stücke Rücksicht zu nehmen. Ob die Mutter einen schweren Fall gethan, und ob derselbe mit einer starken Erschütterung des Unterleibs verbunden gewesen? Ob an dem Unterleibe blutiges Unterlaufen, und an dem Leibe des Kindes braune und blaue Flecken sich vorfinden. Ob die Frau gleich nach dem Fall Unruhe in dem Körper empfunden? Ob bald darauf ein Blutfluß sich eingestellt? Ob die Frauensperson von einer solchen empfindlichen und reizbaren Beschaffenheit seye, daß auch ein mittelmäßiger Fall eine solche Veränderung herfürbringen könnte? Ob sie eine schwere Last gehoben — getragen — oder vor sich geschoben? wodurch die Frucht Schaden erlitten. — wobei die Zeit des Schwangergehens — des Falls und der Geburt zu bemerken. Es sind auch die verdächtigen Blutstürze zu beobachten, welche während der Schwangerschaft vorgefallen, und zu untersuchen, was durch dieselben erregt worden — wann sie angefangen — wie lange sie angehalten — und
wie

wie viel Geblüt verlohren worden? Ob eine starke Vollblütigkeit oder Leibesbewegung vorhergegangen? Ob es zarte und schwächliche Personen sind? Ob die Mutter währender Schwangerschaft starke Arzneien gebraucht? Ob die Frucht in Mutterleibe krank gewesen, welches durch die Sektion erwiesen wird? Ob das Kind mit der Nabelschnur um den Hals stark umschlungen gewesen? Ob die Schwangere in ihrer Tracht sonsten sehr zugenommen, wodurch der Frucht die Nahrung entzogen worden. Ob sie den Leib fest gebunden und eingeschnürt? Wie und auf was Art ihre sonstige Gesundheit beschaffen gewesen?

§. 153.

Wann ist eine Frucht in Mutterleib vor todt zu achten?

Hier sind die Kennzeichen von zweierlei Art. Sofern man sie nemlich von Seiten der Mutter — oder von Seiten der Frucht bemerkt.

A. Kennzeichen von Seiten der Mutter.

1) Ob dieselbe keine Bewegung der Frucht mehr fühlet, besonders wenn solche in etlichen Tagen durch keine Mittel mehr erweckt werden kann.

2) Wenn der Leib der Schwangern schlapp, weich,

weich, runzlicht, oder zugleich schwarzbraun wird, und sich nach unten hinaus senket, wobei die Frau ein ungewöhnliches schweres Gewicht empfindet.

3) Wenn diese schwere Last im Liegen von einer Seite zu der andern fällt?

4) Wenn die Brüste der Schwangern schlapp und welk werden, und die darinn schon vorhandene Milch verschwindet, oder statt derselben eine gelbe Feuchtigkeit ausläuft.

5) Wenn die Schwangere auf einmal von einem ungewöhnlichen Frost oder Schauer überfallen worden, wozu sich im Unterleibe eine besondere Kälte gesellet hat.

6) Wenn das Angesicht verfällt — die Lippen bleich werden, und diese blasse Farbe mit einer fliegenden Röthe abwechselt, oder auf denen Wangen eine ungewöhnliche Röthe beständig bleibet — auch sind dergleichen Personen mehrentheils von übler Laune, und sehr furchtsam.

7) Der Puls ist unordentlich — der Appetit verdorben — sie empfinden ungewöhnlichen Durst, und starke Entkräftung in denen Gliedern.

8) Sie empfinden allerlei Bewegungen welche scheinen, als wenn Geburtswehen sich einstellen würden, aber sie erfolgen nicht, und meistens sind es entkräftende Kollken.

9) Ei-

9) Einige spüren einen ungewöhnlichen und plözlich entstehenden üblen Geruch, sowohl aus dem Munde als aus der Nase.

10) Es stellen sich krampfhafte Zufälle ein.

11) Wenn das Kind schon anfängt zu faulen, so fließt aus der Mutter eine übelriechende Materie,

12) Wenn die Mutter eine sehr schwere Geburtsarbeit hat, und sich keine anhaltende Wehen einstellen.

13) Zuweilen kommt auch die Nachgeburt vor der Geburt heraus — manchmal aber bleibt sie bei todten Kindern zurücke und ist schwer abzulösen.

14) Nach der Geburt todter Kinder sind die Weiber mehrentheils entkräftet, und Ohnmachten, und Nervenzufällen unterworfen.

B. **Kennzeichen von Seiten der Frucht.** Hier bemerket man

a) Solche wenn die Frucht ein oder etliche Wochen vor der Geburt gestorben.

1) Ist ein solch todt gebohrnes Kind am ganzen Leibe kalt.

2) Ist es sehr blaß und hat die Todtenfarbe völlig an sich.

3) Es ist schlapp anzufühlen — runzlicht, auch schälet sich die Haut ab.

4) Man nimmt einen Anfang zur völligen Fäulniß wahr.

D 4   5)

5) Besonders bemerkt man diese Fäulniß an dem Nabel, an dem Unterleib, und an denen Geburtsgliedern vorzüglich beim männlichen Geschlecht.

6) Der Mund stehet offen und giebt einen übeln Geruch von sich.

7) Der ganze Leib ist zusammengefallen.

b) Wenn aber ein Kind kurz vor oder in der Geburt gestorben, so findet man

1) Die Fontanell sehr eingefallen und niedergedruckt.

2) Die Haut weich und locker.

3) Es hat keinen Schaum oder Feuchtigkeit im Munde.

4) Wenn man einen Finger in den Mund bringet, so sauget es nicht.

5) Die Nabelschnur hat ein fäulungsartiges Aussehen.

6) Wenn auf dem in der Geburt vorstehenden Kopf kein Puls mehr verspüret wird.

7) Wenn die Lunge eines solchen Kindes dichte, roth, schwehr und zusammengedruckt wird.

8) Wenn des Kindes Pech vor der Geburt hergehet.

9) Wenn man dem Kinde, da es noch in Mutterleibe ist, einen Finger in den Mund bringen kann, und darinnen keine Bewegung spürt.

10)

10) Die Lungenprobe, diese gründet sich auf ein ewiges unveränderliches Naturgesetz, nemlich auf die Veränderung, welche die anfangende Respiration in den Lungen herfürbringet. Vor der Geburt sind sie dunkelroth in einem engen Raum der Brusthöhle, besonders nach hinten, zusammengezogen, kompakt wie die Leber, specifisch schwerer als das Wasser, sowohl ganz als stuckweise; keine Luft und wenig Blut bringt beim durchschneiden heraus — die Brust selbst scheinet mehr glatt gedruckt als erhaben zu seyn. Nach der Geburt erhebt sich die Brust und wird gewölbter — die Lungen selbst sind nicht mehr ausgedehnt, blaßroth von Farbe, und schwammigt in ihrer Substanz — sie bedecken das Herz, und füllen die Brusthöhle mehr an; mit dem Herzen — ohne dasselbe — und in Stücken zerschnitten — schwimmen sie als specifisch leichter auf dem Wasser — beim Durchschneiden dringt die Luft geschwind heraus — mehrentheils zeigt sich dabei schäumendes Blut — Die Lungenprobe wird auf folgende Art verrichtet. Man öfnet die Brusthöhle, und bemerket ob die Lungen ausgedehnt sind — den vordern Theil der Brust ausfüllen und das Herz bedecken. Geschiehet dieses, so bleibt fast kein Zweifel übrig, daß nicht das Kind geathmet habe. Erscheinen sie aber zusammengefallen, so ist weitere Untersuchung

nothwendig. Auch muß der Arzt in dem Bericht, die Farbe und das äuserliche Ansehen bemerken, ob sie bleich — roth — röthlich — kompakt — weich — oder schwammigt angetroffen worden. Man nimmt hierauf die Lungen mit dem Herzen heraus, wirft sie in ein weites Gefäß welches mit warmen, oder doch zum wenigsten lauem Waßer angefüllet ist, und bemerket ob sie schwimmen, oder vielmehr zu Boden sinken; Nachher trennet man einen Flügel nach dem andern von dem Herzen ab, und wiederholet den nemlichen Versuch — ja man zerschneidet nachher beide Lungenflügel in kleine Stüde und stellet das Experiment stückweis an — Dieses letztere ist um so viel nöthiger, weilen man hierdurch bemerket, ob die Lunge in ihrer ganzen Substanz gesund, oder ob irgend an einer Stelle, Knoten, Verhärtungen oder sonstige Fehler anzutreffen, welche das Experiment schwankend machen können, und welche Umstände alle sorgfältig bemerkt werden müssen. Sinken die Lungen sowohl in Ansehung des Ganzen als ihrer Theile zu Boden, so haben sie noch keine Luft angezogen, schwimmen dieselbe, so hat das Kind geathmet, und ist also lebendig zur Welt gekommen. Der Einwurf daß das Kind in der Mutter geathmet, und die in dem Liquor Amnii enthaltene Luft in sich gezogen habe — auch daß man das
Schrei-

Schreien des Kindes in Mutterleibe gehöret
hätte, ist lächerlich. Denn die in dem Liquor
Amnii befindliche Luft, ist eben wie die in denen
andern Feuchtigkeiten des menschlichen Körpers
befindliche nicht elastisch, und also keineswegs
zum Athmen tauglich — und das Schreien
des Kindes ist eine wahre Erdichtung.

Man sagt ferner, vielleicht hat das Kind
während der Geburt, in der Gebährmutter Athem
geschöpft, und ist nachher noch in der Mutter
verstorben, und dieses Athmen ist entweder in
dem innern Muttermund durch den Mund des
Kindes geschehen — oder da es schon mit dem
Kopf und Brust aus der Gebährmutter herfürgetretten
war. Allein der erste Fall findet nicht
statt, weil es eine Unmöglichkeit ist daß Luft
in die Gebährmutter eindringen kann. Der
andere Fall ist ebenfalls ungegründet, denn
tritt die Frucht einmal mit dem Kopf und der
Brust herfür, so bleiben die Gliedmaßen nicht
zurück, und die Geburt ist vollendet. Ist aber
der Kopf vorgetretten, und der Körper kann
wegen den breiten Schultern, oder den Umschlingungen
der Nabelschnur nicht folgen; so
bleibt die Brust in dem engen Weg stecken —
die Lungen können also in dieser Lage nicht ausgedehnt
werden; und das Athmen ist unmöglich.

Daß

Daß Luft in Lungen welche noch nicht geathmet eingeblasen werden kann, ist gewiß: und eben so gewiß ist es, daß dergleichen Lungen denen eines lebenden Kindes volkomen ähnlich sind. Allein eine solche gewaltsame Veränderung wird niemals vermuthet, wenn sie nicht durch glaubwürdige Zeugen erwiesen worden. Ferner wissen wir, daß in verstorbenen erwachsenen Personen, Lungen welche verhärtet und scirrhös sind, ebenfalls zu Boden sinken — allein bei einem Kind ist der Fall sehr selten, und finden sich dergleichen örtliche Fehler, so müssen sie bemerkt werden. Manchmal schwimmet ein Theil der Lungen besonders der rechten, oben auf dem Wasser, der andere sinket unter, ohne daß ein merklicher Fehler zu entdecken ist. Hier dürfte nöthig seyn auf die Farbe und Dichtigkeit der Lungensubstanz wohl Achtung zu geben, um daraus auf eine halbe oder ganze Ausdehnung von eingeathmeter Luft sicher schliessen zu können. Denn wofern nur ein geringer Theil oben bleibt, der andere aber zu Boden fällt, so muß das Kind zwar gelebt, auch einigemal geathmet haben, aber gleich nachher gestorben seyn. Dies Schicksal trift die schwächern, wenn sie lange in der Geburt gestanden haben, gar oft, und geschiehet gewiß auch bisweilen bei verheimlichten Niederkünften, und macht uns in der Beschuldigung einer gewaltsamen Erstickung vorsichtig. Lun=

Lungen welche in die Fäulniß übergegangen, sollen nach Angeben einiger Schriftsteller wegen der durch die Fäulung entwickelten Luft, im Wasser oben schwimmen, wenn gleich das Kind noch nicht geathmet — nach einigen andern aber sollen faule Lungen, wenn das Kind noch nicht geathmet zu Grunde sinken, und die durch Fäulniß entwickelte elastische Luft keine Kraft besitzen, die Lungen auszudehnen. Allein da eine jede Fäulniß die Kennzeichen der Todesart und die Besichtigung des Kadaver schwankend macht, so thut man am besten, wenn man in solchem Fall aus der Lungenprobe kein sicheres Resultat ziehet.

§. 154.

Kindermord.

Ein Kindermord kann verübet werden 1) vor der Geburt, wenn die Frauen oder geschwängerte ledige Weibsbilder durch unordentliches Leben und Bewegungen oder Einschnürungen, der Frucht Schaden zufügen, und sie dadurch abtreiben. 2) Unter der Geburt. Wann die Gebährerin plötzlich die Schenkel mit großer Gewalt zusammenpreßt, und den zarten Kindskopf dadurch zusammendrückt. 3) Nach der Geburt durch eine Erstickung, entweder mit dem

dem Bettküssen — mit der Hand — mit Schwefel, Kohlen-Dampf u. s. w. 4) Wenn dem Kopf des Kindes Schaden zugefüget wird durch Niederwerfen auf die Erde, oder durch Eindringung einer Nadel in die Fontanell.

5) Durch Eindrücken der Brust, oder wenn sie das Kind in das Wasser werfen.

6) Wenn das Unterbinden der Nabelschnur unterlassen, oder dieselbe gewaltsam abgerissen wird.

7) Wenn das Kind der Kälte und an einem solchen Ort ausgesetzt, wo es wegen Mangel menschlicher Hülfe nothwendig umkommen muß.

Ist dem Kinde in der Geburt Gewalt geschehen, so bemerket man an den Seitenknochen des Kopfs eine Röthe, man findet auch oftmals unter denselben ausgetrettenes Geblüt — allein diese Zeichen sind nicht hinlänglich um deswegen die Mutter zu beschuldigen, sie habe Hand an das Kind gelegt, denn sie können auch von einer schweren Geburt herrühren — auch sind sie nicht alle tödtlich, und blos in dem Fall, wenn zwischen den Hallknochen und in den Gehirnhölen ausgetrettenes Geblüt anzutreffen, sind die Verletzungen für unvermeidlich tödtlich anzuerkennen, und die unterlassene Durchbohrung des Hirnschädels dienet hier zu keiner Entschuldigung, weil dieselbe in einem neugebohrnen Kind nicht statt findet.

Die

Die Kennzeichen des Erstickens sind auch nicht ganz zuverläßig. Doch sind die vornehmsten folgende, welche alle zusammengenommen, jederzeit grossen Verdacht erwecken.

1) Wenn das Gesicht geschwollen, röthlich — oder bleifarbig aussiehet.

2) Wenn vor dem Munde ein Schaum stehet, die Zunge feucht ist, und hervorragt.

3) Wenn an dem Halse blaue Flecken und Blutstriemen zu sehen.

4) Wenn die Lungen und vordere Herzkammer voll Blut, und

5) Die Halsadern und Gefässe der Hirnhaut mit Blut strotzend angetroffen werden.

Wenn das Abreissen der Nabelschnur nahe am Nabel geschiehet, so ist dieselbe nicht unvermeidlich tödtlich, erfordert aber doch eine sehr sorgfältige Behandlung. Hier muß auch untersucht werden — ob das Abreissen der Nabelschnur und die Verblutung nicht schon in der Mutter geschehen seye. Ist das Kind nicht blutleer, sondern die Blut- besonders die Lungengefässe sind mit Blut angefüllt; so hat sich das Kind in Mutterleib nicht verblutet. Ist die Nabelschnur mit einem schneidenden Instrument zerschnitten worden, so ist der Blutverlust immer grösser, als wenn sie mit den Fingern gezogen und zerrissen worden. Auch kann das Abreissen der Nabelschnur, vom plötzlichen Abstürzen

ſtürzen und Abſchieſſen des Kindes entſtehen — auch kann durch dieſes Abſchieſſen dem Kinde leicht wider den Willen der Mutter an dem Kopfe oder ſonſtigen Theilen Schaden zugefüget werden. Wobei zu erwegen ob die Mutter ſtehend gebohren — ob der Boden wohin das Kind geſchoſſen mit Steinen gepflaſtert war? Auch dienet dieſes ſchnelle Abſchieſſen zur Entſchuldigung wenn ein Kind in einer Kloake gefunden worden. Ueberhaupt hat der Arzt bei Abfaſſung eines Berichts, auf welchem, Leben und Tod eines Menſchen beruht — Vorſichtigkeit — Klugheit und Ueberlegung aller Umſtände vonnöthen — alle Reſultate — alle Schlüſſe müſſen auf ungezweifelte durch Vernunft und Erfahrung erprobte Grundſätze eibauet ſeyn — alle Hypotheſen — Muthmaſſungen — Wahrſcheinlichkeiten. — beſonders der Ausdruck man glaube gänzlich ausgeſchloſſen werden. In zweifelhaften Fällen ſeye Menſchlichkeit die Hauptregul, und beſtändig ſetze man den Grundſatz, es iſt beſſer zehen Schuldige loszuſprechen, als einen Unſchuldigen zu verdammen. Beſonders leidet dieſer Satz ſeine Anwendung bei Kindermördeeinn. Was man gemeiniglich als einen von der Mutter unternommenen Kindermord anſiehet, würde man bei völliger Kenntniß der wirklichen Umſtände für ein ganz anderes Verbrechen unter andern Umſtänden erklären. In einigen hof-

ſentfentlich-seltenen Fällen ist es eins der allerschwärzesten Verbrechen; es ist eine mit Vorbedacht unternommene Veranstaltung, dem unschädlichsten und hülflosesten Geschöpfe das Leben zu nehmen, nicht nur den allgemeinsten Regungen der Menschheit, sondern auch jenem mächtigen uns angebohrnen Triebe, zuwider, den der Urheber der Natur aus weisen und wichtigen Absichten jeder weiblichen Brust eingepflanzt hat, der starken eifrigen Sorge für die Erhaltung der Kinder.

Allein die meisten Kindermörderinnen sind von andrer Art. Sie fühlen den Trieb der Wollust — Sie fühlen was Vater und Mutter fühlen — Sie vergessen sich. — opfern der allgewaltigen Liebe, ohne an die Folgen zu denken. Der Schritt ist übrigens geschehen, der Zauber verfliegt, die Vernunft kommt wieder, und mit ihr ein kränkendes Heer von Sorgen. Nun tretten Schaam über den Fehltritt — Furcht vor den Aeltern — Furcht vor der Welt — Furcht die Regeln des äußern Wohlstandes übertretten — Furcht seinen guten Namen und Ehre verlohren zu haben — Furcht vor der Strafe ein. — — Sie haben ein unbezwingliches Gefühl von Schande, und sehnen sich ängstlich nach der Erhaltung ihres guten Rufs — sie sind nicht entschlossen genug, ihre Schande zu gestehen, oder derselben Trotz

E e   zu

zu bieten. Jemehr sie die Hoffnung verlieren, sich entweder in Ansehung der Schwangerschaft geirret zu haben, oder durch einen glücklichen Misfall von der Angst befreiet zu werden; sehen sie die Gefahr mit jedem Tage näher und größer, und fühlen sich täglich mehr mit Schrö‑ cken überhäuft. In dieser Unruhe und durch‑ aus nicht in der Absicht, das Kind umzubrin‑ gen, denken sie auf allerlei Mittel, die Geburt desselben geheim zu halten. Sie schwanken zwischen Schwürigkeiten von allen Seiten um= her, sezen die böse Stunde weit hinaus, und verlassen sich oft zu sehr auf Glück und Zufall. In diesem Zustande werden sie dann oft eher überrascht, als sie vermuthen, ihre Entwürfe schlagen fehl; die Noth ihres Körpers und ih‑ rer Seele beraubt sie aller Ueberlegung, sie entbinden sich selbst an dem ersten besten Orte, den sie in ihrer Angst und Verwirrung finden. Zuweilen sterben sie in den Geburtswehen; ein andersmal fallen sie ganz erschöpft in Ohn‑ macht, und sind sich dessen was vorgeht nicht bewust; und wenn sie sich nur ein wenig wie‑ der erholet haben, finden sie, daß das Kind, es sey nun todt gebohren oder nicht, keine Spur des Lebens von sich giebt. Kann man nun wohl erwarten, daß die unglückliche Per‑ son in so einem Falle, wo es zu nichts helfen kann, ihr Geheimniß bekannt machen sollte?

Wird

Wird sie nicht bei der besten Denkungsart darauf sinnen, ihren guten Ruf zu erhalten? Sie wird folglich allen Anschein von dem was vorgefallen ist, so gut als möglich zu verbergen suchen; wenn man gleich im Fall der Entdeckung, eben dies Betragen als einen Beweis ihrer Schuld ansehen wird.

Oefters von ihrem Liebhaber verlassen, bleibt einer solchen in die traurigste Lage gesetzten Person, welche sonst mitleidig und empfindsam ist, die nicht nur vor einem vorsetzlichen Mord erzitterte, sondern nicht einmal ein Thier umbringen konnte, nichts anders übrig als der Gedanke: Ehre verlohren, alles verlohren; kein anderer Weg stehet offen, als Selbstmord oder Kindermord.

Kindermord, schröcklicher Gedanke! schröcklicher als Selbstmord, hier wüte ich gegen mich selbst — dort gegen ein unschuldiges, armes, hülfloses Geschöpf, welches mir noch nicht die geringste Beleidigung erzeiget — welches ich neun Monate unter meinem Herzen getragen — und einen solchen Wurm, der kaum das Licht der Welt anblickt, sollte man mit kaltem Blut und mit Vorsatz ermorden. Nein dieses kann ich ohnmöglich glauben. Nein bei dieser Unglücklichen ist keine vernünftige Ueberlegung mehr — Menschheit — menschliches Gefühl ist unterdrückt, und der äuserste Grad von Wahnwitz vorhanden — alle Sinnen sind benebelt — der Verstand durch falsche Ideen verfinstert — das Herz durch unglückliche Vorstellungen von falscher Ehre zerrüttet — von Angst — Furcht und Geburtsschmerzen plötzlich überfallen — alles Denkens und Rufens unfähig — weiß die Elende nicht was sie thut. Kann man die Herrn, welche sich aus Verzweifelung über fehlgeschlagene Liebe erschiessen und erhängen, als Tiefsinnige und Märtyrer ihrer Leidenschaft entschuldigen, warum auch nicht diese unglückliche Weibspersonen? Und doch verurtheilen die Gesetze eine solche Person zum Tod — doch muß eine solche Unglückliche als ein Schlachtopfer ihrer Raserei auf dem Schaffot bluten. Freilich kann zu einer übertriebenen Schärfe in diesem Stuck viel beitragen, daß, wie Camper sagt " überhaupt dergleichen Gesetze von Männern gemacht sind, die, durch reifere Jahre, erfahren und weiser geworden, Verbrechen — entsprossen aus thierischen Trieben, mit exemplarischen Strafen suchen entgegenzugehen; indem sie vergessen, wie stark der Trieb der Zeugung in der ersten Jugend ist, fürnemlich beim anderen Geschlechte, das durch seine Minderjährigkeit gar schwach ist, jenen Verführungen zu entgehen, oder aus Mangel der Erziehung; und wegen niedriger Geburt, durch Geld und Versprechungen bezaubert, öfters berauscht,

leicht

leicht verführt wird, den unerlaubten Lüsten derjenigen ein Genüge zu leisten, die nach erfolgter Schwangerschaft, grausam genug sind, wo nicht Spötter, doch wenigstens kalte Zuschauer der leidenden Unschuld zu seyn, die sie durch List verleitet haben, und die jetzt ihr Blut, das unglückseelige Kind, mit vielem Schmerzen unter ihrem Herzen trägt."

§. 155.

Fortsetzung.

Regenten und Gesetzgeber welche den Verfall der Sittsamkeit und Keuschheit sahen wollten ihm entgegen arbeiten. Sie glaubten ihres Zwecks nicht zu verfehlen, wenn sie die Uebertreter des Gesetzes der Keuschheit mit Strafen belegten, und durch deren Androhung die Ausübung der Laster zu verhindern suchten. Ihre Absicht war gut, allein die Wahl der Mittel, sie zu erreichen, war nicht immer die klügste und beste. Es ist grausam wie man solche Personen behandelte; besonders trift dieser Vorwurf unser teutsches nicht mittleres Zeitalter, und die Befolger dieser nichts weniger als christlichen Gewohnheiten. Man ist in diesem Stücke jederzeit gegen eine Person, die ihre Reize und ihren Körper jedermann feil bietet, und den

Namen einer Hure erhält, nachsichtiger gewesen, als gegen eine Geschwächte, die ihre Ehre einem aufgeopfert hat — Jedes Volk belegte diese unglückliche Person, mit einer gewissen Schande die sie ehrlos machte. Die Römer die Sclaven der niedrigsten Wollust waren, rechneten das Vergehen einer würklich schwangern Person, zu den öffentlichen Verbrechen welche alle nach dem l 7. D. de publ. Judiciis, eine Infamie zur Folge hatten. Nicht genug die Verbrecher mit der empfindlichsten Strafe bestrafet zu haben, musten auch noch die aus einem unehlichen Beischlaf erzeugten Kinder für die Schwachheit ihrer Aeltern büssen. Es ist wahrscheinlich, daß nach Römischen Gesetzen dergleichen, aus einem unerlaubten Beischlaf erzeugte Kinder ihre Mutter nicht einmal beerbten, noch vielweniger den Vater. Kaiser Konstantin der Grosse gab die erste Art von Legitimation, nemlich durch die erfolgte Ehe der Väter und Mütter, vermuthlich aus christlichem Eifer und um die Konkubinate etwas einzuschranken, und in christliche Ehen umzuformen an. Er war es auch, der die vorher unbestimmte Erbfolge der unehlichen Kinder einschränkte, es ist aber ungewiß, wie diese Einschränkung beschaffen gewesen ist. Indessen bewirkte diese vielleicht an sich gute Absicht,

doch

doch die Ungerechtigkeit, daß man die ausser der Ehe gebohrnen Kinder anfieng herunterzusetzen, ja in der Folge der Zeit, selbst mit einer gewissen Ehrlosigkeit belegte, welche die Legitimation aufhob, und dadurch solche Kinder unter väterliche Gewalt brachte.

Weit härter war das Schicksal einer geschwächten Person bei unseren Vorfahren, und ist es zum Theil noch bei uns. Der Ausspruch des Tacitus beweiset dieses zur Genüge: und was kann einem Mädchen wohl härteres widerfahren, als die Hoffnung zu verlieren je einen Mann zu bekommen? Keuschheit Tugend und unbefleckte Jungferschaft waren die sichersten Mittel, einem Mädchen Freier zu verschaffen; und nach der Größe dieser Eigenschaften richtete sich das Kaufgeld, so der Bräutigam dem Vater der Braut erlegte. In dieser alten fast allgemeinen Gewohnheit, liegt ein Grund mit, warum die alten Deutschen eine Geschwächte verachteten, und besonders daß ihre Familie sie als ihrer unwürdig betrachtete. Der Vater erhielt weniger für seine Tochter, und da die Keuschheit der Tochter und das Interesse des Vaters genau mit einander verbunden waren, so ist es kein Wunder, wenn diejenige die letzteres vernichtete, sich allem Schimpf ausgesetzt sahe.

Man befolgte jedes in den alten Zeiten, bei
einem rohen Volk auch den Weg der rohen
Natur — und niemand hätte glauben sollen,
daß die christliche Religion welche nur Duldung
und Sanftmuth prediget, mit der Zeit auch
hier Veränderungen herfürbringen würde, die
nichts als geistlichen Despotismus athmen.

Der Stifter unsrer Religion vergab Sünden mit dem Beisatz: nur sündige hinfort nicht
mehr! Seine Schüler folgten ihm, und die ersten Christen übten diese ihre Rechte als gesell-
schaftliche aus. Die vielen Unterdrückungen,
und Verfolgungen nöthigten sie, ihre Streitig-
keiten nicht vor ihre ordentliche Obrigkeit zu
bringen. Es war daher natürlich daß sie sich
in eine Gesellschaft vereinigten, und das Recht
über ihre Vergehen zu erkennen als ein gesell-
schaftliches ausübten. Ein jeder der durch die
Taufe ein Mitglied der christlichen Kirche wurde, machte sich dadurch anheischig, bei Verlust
der brüderlichen Rechte, alle Sünden so viel
es schwachen Menschen möglich ist, und besonders alle heidnische Verbrechen zu vermeiden.
Und wer diesem Versprechen entgegen handelte
wurde Exkommunizirt, und seiner Brüder-
Rechte beraubt — welche er nicht anders als
durch Leistung der Buße und Angelobung ernst-
licher Besserung wiederum erlangen konnte.
Was aber hier ein Mittel war zur Gemeinschaft

schaft der Kirche zurückzukehren, wurde im dritten Jahrhundert unter dem Namen von Kirchenbuße zu einer Strafe. Die Kirche die mit Blut nichts zu thun haben wollte, erfand den Unterschied von geistlichen — weltlichen und vermischten Verbrechen — und die Strafen die sie auferlegte, waren so beschaffen, daß man solche als ein Stück der Religion betrachten konnte, ein jeder war diesen Züchtigungen ausgesezt, und man würde den, der sich ihnen entzogen hätte, bald als einen Frevler gegen die göttlichen Lehren, der Wuth eines durch Aberglauben aufgehezten dummen Pöbels ausgesezt haben. Es war der Geistlichkeit leicht in jenen dunklen Zeiten, durch den Bannstrahl und die Kirchenbuße jedermann zum knechtischen Gehorsam zu zwingen. Die Wohlfahrt der Kirche, und deren Verletzung, zog man für das geistliche Tribunal — und auch der Beischlaf auffer der Ehe entgieng der Strafe der Kirche nicht, man wurde mit Kirchenbuße und Exkommunication belegt. Die Kirchenbuße wurde von Handlungen begleitet, die ins Auge fielen — etwas auszeichnendes an sich hatten, und öffentlich im Angesicht einer ganzen neugierigen, und desfalls sehr zahlreichen Gemeinde geschehen. Ein eigenes Kleid — ein Strick um den Leib — eine brennende Kerze in der Hand, und andere auffallende Dinge, die blos verjährte Aberglaube billigen, und ein schwacher Verstand einführen kann, zeichneten den Büssenden hinlänglich aus. Die Gelegenheitspredigt, die ein Diener der Religion dieser Feierlichkeit hinzufüget, pfleget denn gemeiniglich voller Anzüglichkeiten, die in der Sprache der Warnung vorgetragen werden; zu seyn, und wenn der Leidende nicht schon betaubt ist, so wird er es gewiß durch die Stimme dieses Pfaffen; selbst die angebliche Aussöhnung mit der Kirche, die Zulassung zur Gemeinschaft der Gnadenmittel, wie stolz ist sie nicht auf der einen, und wie demüthigend auf der andern Seite? Es gehöret ein ganzes Gefühl und blos der Grad von Empfindlichkeit dazu, den gewiß jeder Mensch besitzet, um durch eine solche Behandlung tief erschüttert zu werden. Man denke sich eine schwache Weibsperson, bei der, sie sey vornehm oder gering, die Empfindlichkeit immer stärker ist, als bei Männern, hier öffentlich erst ausgestossen, denn des würklichen Beischlafs angeklagt — mit den bittersten Worten beschuldiget — man sehe wie sie öffentlich dies Bekänntniß ablegen muß, wie jedermann nachher mit Finger auf sie deutet, und wie jedes durch Aberglauben aufgebrachtes Gemüth sich vor ihr hütet, und sich kreuziget und segnet; und denn entscheide man, ob eine solche Person, geschändet ist oder nicht? Ich glaube man wird

nicht

nicht Unrecht haben, wenn man diese Strafe den geistlichen Pranger nennt; denn hier ist die Behandlung wahrhaftig härter, wenigstens fällt die Ermahnung und Warnungsrede am gewöhnlichen Pranger weg, die in der That hier sehr übel angebracht ist. Vorwürfe, die öffentlich und mit Bitterkeit gemacht werden, bessern nicht, sondern machen hartnäckig, und sind wohl selbst die Quellen nachfolgender noch größerer Verbrechen.

Das Vorurtheil, so man gegen eine Geschwächte hegte, und die Schande, der sie sich ausgesetzt sahe, ist daher von den Geistlichen durch die Kirchenbuße sehr ausgebreitet und befördert worden, und es ist zu verwundern, wie dieser Gebrauch auch bei Protestanten einige Kraft beibehalten konnte. Auch die weltlichen Gesetze trugen das Ihrige bei, diese Schande durch die auf den unehlichen Beischlaf gesetzte Strafen zu vermehren — Halseisen — Tollhaus — Strohkranz — Geigentragen — angehefteter Zettel auf der Brust — Durchführung in Prozeßion durch die Straßen der Stadt, bestimmte Arbeiten — Einschließung in ein Zucht- und Arbeitshaus, Geldstrafen u. s. w. sind theils als infamirend, theils in Absicht ihrer Würkung mit den schandenden Strafen gleich zu achten. Sowohl die Verurtheilung zur öffentlichen Arbeit, als auch zur Erlegung einer

einer Geldstrafe, erfordern eine Untersuchung. Geständniß oder Beweis zeiget die Angeschuldigte als eine Person, die mit dem männlichen Geschlecht in einem unerlaubten Umgang gelebt hat, und die Strafe ist gleichsam das Siegel, womit die Authenticität des Verbrechens bekräftiget, und zugleich bekannt gemacht wird. In Absicht der Gesellschaft ist also diese Person so gut beschimpft, als wäre sie ausgestellt oder ausgepeitscht worden; denn wer weiß nicht, daß jede entehrende Handlung mit teuflischer Schadenfreude von Ohr zu Ohr ausgebreitet wird. Das Vorurtheil, so man gegen diese Geschwächte heget, wird dadurch erreget, und sie muß sich ebenfalls der Schande und ihrer Folgen ausgesetzt sehen. Man nehme also eine Strafe für den unehlichen Beischlaf so groß oder so klein an, als man will, so wird die Ehre der Bestraften doch immer in Gefahr seyn, und sie wird jedes Mittel, den Verlust derselben zusichern, gewiß eifrigst suchen und annehmen; auch selbst dann, wenn der innere Richter bereits die Anklage gethan — Denn bei denen Menschen ist der Fall sehr häufig daß man das Gewissen leicht zu beruhigen, und einzuschläfern hoffet, und man ist nur dahin bedacht, den äussern guten Namen zu sichern und zu erhalten. Dies ist der Fall bei dem größten Theil der Personen, die sich unehlich schwanger befinden.

Sie

Sie suchen ihre Ehre, welche, im Fall, daß ihr Vergehen bekannt werden sollte, angegriffen und befleckt ist, zu retten, und das sicherste hierzu scheinet ihnen die Verheimlichung und gänzliche Vernichtung der Frucht ihrer verbottenen Liebe zu seyn.

Furcht vor der Schande ist also die vorzüglichste Quelle des Kindermordes. Eine Quelle welche in unsern Gesetzen ihren Ursprung hat — und diese Gesetze sind doch grausam genug ihre eigene Wirkungen bestrafen zu wollen, und haben auf den Kindermord die Todesstrafe gesetzt. Welcher Widerspruch? Beccaria sagt, „Den Kindermord also hat man als ein gräuliches Verbrechen auch nothwendig mit einem sehr harten Tode strafen zu müssen geglaubt. Aber so sehr sichtbar muß denn doch die Abscheulichkeit dieser Handlung nicht seyn, da ihn viele Völker gleichsam oder auch wohl wirklich erlaubt haben, ja wo Kinder Eigenthum und gewissermassen eine Waare sind, scheinet er sogar eine nothwendige Folge. Ueberdeme liesse sich auch wohl nach dem Gesetze der Natur vieles zur Vertheidigung des Kindermordes sagen. Wenn auch die Analogie andrer aus Instinkt handelnden und doch die Kinder oder Jungen erwürgenden Thiere hier wenig beweisen könnten: so scheinet im Grunde doch nur wenig Unterschied ob eine Person das Leben derjenigen auf-

aufhören macht, die blos durch ihre Handlung ihre menschliche Existenz und das Leben erhielten, oder ob diese Person durch Gelübde oder freiwillige Enthaltsamkeit verhindert hätte, daß die Entstehung kleiner Menschen gar nicht geschehen wäre, welches doch in jedermanns freiem Willen steht. Inzwischen regt sich doch auch wohl die innere Stimme der Natur gegen den Kindermord, und wenigstens will ich die bürgerlichen Geseze nicht tadeln, daß sie ihn zum Verbrecher gemacht haben. Nur die gewöhnliche Art ihn zu strafen, ist etwas, so viel ich wenigstens sehe, das wohl Schrecken erregen oder vermehren wird, wenn die Seele nach der vollbrachten That zurücksieht, aber zur Zeit des Vorhabens selbst wohl schwerlich grossen Eindruck machen kann. Nämlich der Kindermord sezt bei uns wohl doch gewöhnlich einen ganz ausserordentlichen Zustand voraus, wo die Seele so ganz von Vorstellungen der Schande überwältigt wird, daß nicht Tugend mehr, noch Laster, nicht der Tod, noch das Leben, noch irgend etwas ähnliches auf der Welt auf sie Wirkung haben kann. Blos Schimpf und Schande, Ehre und guter Name, sind ihr, wie es scheinet, nur noch gegenwärtig. Aller andern menschlichen Gefühle, aller andern Gedanken beraubt — ihrer selbst nicht mächtig und wohl fast nicht bewußt; wagt dann

die

die Gebährerin eine That, die sie allein von der Schande zu retten scheinet, nämlich den Kindermord oder auch den Selbstmord, wenn sie ja zu dem erstern bei zu vielem Verstande und Bewußtseyn zu schwach, zu mütterlich ist, aber eben deswegen dann in einer vielleicht noch gröffern Erschütterung sich zu retten verzweifelt. In dieser Lage, in einer solchen Fassung sollen dann die so gar gewissermaffen ebenfalls von der Schande errettenden oder sie doch endenden Todesstrafen gegenwärtig seyn, gefürchtet werden, und vom Kindermorde abhalten können?. Man sieht nicht vielmehr, daß man lieber nach dem löblichen Muster philosophischer Gesetzgeber, den für die Schande so sehr empfindlichen Seelen ein anders Rettungsmittel verschaffen, oder will man auch strafen, daß man wenigstens die Strafen eben auf diese Schaam und unbeschreibliche Furcht der Schande bauen und durch Furcht einer noch viel gröffern viel öffentlichern Beschimpfung und Prostitution vom Kindermorde abzuhalten suchen sollte.„

Beccaria hat Recht, in den Schmerzen der Geburt, die ein schon fühloses Gemüth ganz betäuben — da die Verzweiflung ihren höchsten Grad erreichet, bleibet einer solchen Person da etwas anders übrig, als ihrem Kinde, welches sie als die einzige Ursache ihres Elen-
des

des anſiehet das Leben zu nehmen? Ich glaube daß in den Geburtswehen die meiſten Kinder ermordet werden; alſo zu einer Zeit da noch phyſicaliſchen richtigen Beobachtungen, das Bewuſtſeyn aufhöret, und nicht mit Ueberlegung verbunden ſeyn kann, da auch demnach die Zurechnung, die gewiß allein bei voller Freiheit ſtatt hat, wo nicht ganz hinwegfällt, doch wenigſtens ſehr geſchwächt und vermindert wird. Und dennoch bekümmert ſich der größte Haufen der peinlichen Richter hierum nicht, und glaubt die Mutter hätte ganz anders handeln können, als ſie wirklich gethan hat — es wäre mit ihrem Bewuſtſeyn — mit ihrem freyen Willen geſchehen — und die Reue die eine ſolche Unglückliche über den Tod ihres Kindes bezeuget, muß ein Entſcheidungsgrund abgeben. Allein dieſes iſt irrig — man gehet offenbar zu weit — und verwechſelt den Zuſtand der Seele nach der That, mit dem Zuſtande derſelben in der That, und in der Vermechſelung dieſer zwei ſo ſehr verſchiedenen Zuſtänden iſt dieſer Trugſchluß gegründet.

Man begreift nicht, oder will es nicht begreifen, daß der Menſch in einen gewiſſen Grad von Affekt verſetzt, alle Freiheit in ſeiner Wahl verliehrt. Unſerer Seele fehlet beim ruhigen Nachdenken das Gewicht, wodurch Begierde und Leidenſchaft auf dieſelbe wirken. Sie

Sie gleichet der empfindlichsten Wagschaale, die sich nur denken läßt: die Begierden oder dunkle Vorstellungen gleichen dem Staub, der sich an die Gewichte gehänget, oder in der Schaale gesetzt, und mit welchem Staub die Wagschaale einen ganz andren Ausschlag giebt, als der sich aus dem eigentlichen Gewichte herleiten lässet.

Vergebens sucht man aus der Verheimlichung der Schwangerschaft, einen Grund herzuleiten um den Vorsatz der Mutter das Kind umzubringen daraus erhärten zu wollen. Hunter der berühmteste Geburtshelfer in London, welcher eine große Menge weiblicher Karaktere kennen gelernt — und der sowohl im öffentlichen als Privatleben die weibliche Tugenden und Schwachheiten in allen Ständen beobachtet, dieser große Menschenkenner lehret uns das Gegentheil wenn er sagt.

„Ich habe überhaupt bemerkt, daß solche Personen desto schwerer zum Geständniß zu bringen sind, je aufrichtiger sie eine so unglückliche Ueberredung bereuen, und das ist ganz natürlich. Unter anderen Fällen, die ich hier anführen könnte, wähle ich nur folgende. Ich öfnete die Leichen zweier unverheiratheter Frauenzimmer, die bei allen die sie kannten, in einem untadelhaften und unverdächtigen Ruf standen. Beide hintergiengen mich, da sie mich als Arzt über ihre Gesundheit zu Rathe zogen.

Die eine von ihnen hatte ich in Verdacht, und gab mir Mühe sie dahin zu bringen, daß sie mir ihr Geheimniß vertraute, wenn es sich so verhielte, indem ich ihr alles mögliche zu thun versprach, um ihr aus den drohenden Beschwerden zu helfen, aber alles umsonst. Beide starben an folternden Schmerzen in den Eingeweiden und krampfhaften Zuckungen. Bei Zergliederung der Leichname fand sich bei der einen ein todtes, noch nicht völlig zeitiges, und bei der andern ein sehr großes, nur halb gebohrnes Kind. Man siehet aus dergleichen Beispielen, welch eine standhafte und feste Entschlossenheit die Furcht vor der Schande herfürbringen kann. — In den meisten Fällen dieser Art fassen wir gar zu leicht ein zu frühes Vorurtheil; und wenn wir offenbar die Absicht sehen, die Geburt zu verheimlichen; so schließen wir auf die Absicht, das Kind umzubringen; dann erklären wir jeden Umstand aus dieser Voraussetzung, und fragen: warum machte sie es so und so? und warum that sie sonst dies und das nicht? Dergleichen Fragen würden gegründet seyn, und zu gegründeten Folgerungen führen, wenn solch eine Person sich zu der Zeit in einer ruhigen und besonnenen Gemüthsverfassung befände. Sobald wir aber bedenken, daß ihr Gemüthe von einem Kampfe der Leidenschaften und des Schreckens heftig beunruhigt war; so

muß

muß ein unvernünftiges Betragen dabei uns sehr natürlich dünken. , So weit Gunter.

Und was schaft die Todesstrafe womit man eine Kindermörderinn belegt, dem Staate für Nutzen? Keinen — das Kind wo ohnedem 1. gegen 100. zu verwetten war daß es aus Mangel der Pflege und gehörigen Nahrung über lang oder kurz gestorben seyn würde, ist einmal Tod — und die Mutter die noch arbeiten — sich bessern — dem Staate eine gute Bürgerin abgeben — auch vielleicht mit der Zeit den erlittenen Verlust durch andere Kinder ersetzen könnten — diese ist auch nicht mehr. Und von dieser Seite betrachtet bringt die Todesstrafe dem Staate keinen Nutzen. Wenn der Verbrecher selbst auch in keiner Absicht ein in der Kette nutzliches Glied werden würde, so ist das schon wichtig, daß es doch die Nachkommen werden können. So sind bekanntlich, aus fremden Ländern hierbei gelockte Kolonisten für sich vielleicht dem Staat blos nachtheilige Leute, als der Auswurf der benachbarten Länder, und wohl zum Theil Auswurf des ganzen menschlichen Geschlechts. Gleichwohl werden Gegenden vermuthlich nie aufhören, solche zu Kolonisten aufzunehmen. Denn man kann mit Recht erwarten, daß sie durch Noth und in andern Verhältnissen sich zu bessern lernen, und wenigstens daß sie sich nach einigen Generationen ver-

Ff 2 edlen,

edlen, und daß von ihnen auch nützliche Bürger erzeuget werden.

Man sagt dagegen „Die Erfahrung lehre, daß der große Haufe nur durch starke Eindrücke gerührt werde, und daß von allen Arten der Furcht die Furcht des Todes am allgemeinsten und stärksten auf den Menschen wirkt — und daß folglich Kindermörderinnen hingerichtet werden mußten, um ein Exempel zu geben, und andere von solcher That abzuhalten." Allein wie wenig Strafen im Ganzen zur Besserung dienen lernen wir aus dem Beispiel der Erziehung der Jugend. Kinder welche für alle Vergehungen eine scharfe Strafe zu dulden gewohnt sind, werden zuletzt für jeden edlen Beweggrund unempfindlich, und die Furcht der Strafe wird zur einzigen Triebfeder aller Handlungen des Kindes. Um der fürchterlichen Strafe zu entgehen, welche es erwartet, wird es falsch, heimtückisch, treulos und verliert das edlere Motiv der Tugend, die Liebe zur Erfüllung seiner Pflicht gänzlich aus den Augen, und eben so verhält es sich in dem Staat. — Nicht zu gedenken daß Todesstrafen noch nie in einem Staate die Verbrechen verringert haben. In Japan, wo beinahe auf jedes Vergehen die Todesstrafe verordnet, und auch pünktlich in Vollzug gesetzt wird, werden dennoch die schwärzesten Verbrechen begangen." Und was

kann

kann hiervon anders die Ursache seyn, als die Unempfindlichkeit und Härte, welche durch diese grausamen Gesetze auch dem Nationalkarakter mitgetheilet wurde? Plutarch erzählt, daß nachdem die Argier 1500. ihrer Mitbürger hätten hinrichten lassen, die Athenienser Versöhnopfer angestellt hätten, um die Götter zu bitten, daß sie einen so grausamen Gedanken, in ihrem Herzen niemals entstehen lassen möchten. Noch mehr der Anblick der Todesstrafen erfüllt die Zuschauer mit unverdientem Mitleiden gegen den Verbrecher, und mit Erbitterung gegen den Richter. Man vergißt über die Strafe, die Erheblichkeit des begangenen Verbrechens, und miskennt über der Härte des Gesetzgebers, den strafenden Vater des Volks. Auch mag immerhin der Tod etwas seyn, was jeder von Natur fürchtet, und immerhin auch am mehresten, aber doch nicht allezeit und immer; sondern nur in gleichgültiger ruhiger Fassung, oder ausser der Zeit, wo jemand sich zu einem Verbrechen entschließt, wo also noch keine abhaltende Furcht nöthig ist, wo auch schon ein sehr geringes Uebel gefürchtet werden und abhalten muste. Hingegen zur Zeit der antreibenden Leidenschaft, z. B. zur Zeit des Gefühls von der Schande vor dem Kindermorde, wird schwerlich der Tod den stärkern Eindruck machen und den Zweck die Abhaltung von dem Vorhaben am

Ff 3   leich=

leichte˜en erreichen. Der große Haufe unterscheidet sich im Grunde von andern Leuten nur dadurch, daß die antreibende Leidenschaft nicht mit gleicher Leichtigkeit entsteht und fortwährt. Ist sie aber in gleicher Stärke und mit dergleichen Eigenschaften vorhanden, nemlich so daß sie zu einerlei Verbrechen bewegt, so muß man einerlei Mittel gebrauchen, daß nemlich der Zweck, der bei allem derselbe ist, nicht verfehlt werde. Genug die Erfahrung lehret, daß zehen Kindermörderinnen bei aller Verschiedenheit des Temperaments — der Denkungsart und des Beispiels — doch alle zehen die gewaltigste Furcht der Schande bekommen, und alle deswegen ihren Kindern das Leben nehmen. Richtig sagt ein junger aber helldenkender Rechtsgelehrte, der verdienstvolle Hr. Doktor Pütt in seiner Vorrede zum Repetorium für das peinliche Recht.

„Dem aufmerksamen Beobachter der Menschen liefert wohl kein Theil unserer Jurisprudenz mehr Stoff zum Nachdenken als das peinliche Recht; keiner der ihm die tirranisirende Gewalt der Vorurtheile heller und kräftiger zeigte als eben er. Schon bei dem frühesten Unterricht der Jugend leget altväterisches Erziehen zu vielen mit den Jahren wachsenden Vorurtheilen den Grund. „Wer Menschenblut vergießt, dessen Blut soll wieder vergossen werben!,, — ein Gesetz das uns ganz und gar nichts angehet — lesen schon unsre jüngsten Kinder und saugen so nach der gewöhnlichen Erklärung, frühzeitig Grundsätze ein, die ihr sanftes Gefühl in keinen erschüttern und sie für die edlern Empfindungen fühllos machen. Bei reifern Jahren nährt man ihnen diese für religiös gehaltene Kaltblütigkeit und verstimmt dadurch ihren feinern Sinn für die Zukunft. Sie werden mit den Begriffen von Todesstrafen vertraut, ehe sie nachdenken können — ihr Auge gewöhnt sich an die schrecklichen Mäler der Nemesis, ihr Ohr hört nichts denn Rache und Schwerdt. Gleichgültig gehen sie an den Gerichtsstätten vorbei, es mag ein verruchter Böswicht der sein Leben verlohren, oder eine unglückliche Mutter geblutet haben. Diese herrschende Stimmung ihres Karakters verläßt sie dann nicht in den Geschäften; und ruhig arbeiten sie an der Hand ihrer Caroline, ohne die Stimm der Menschheit zu hören.,,

Herr Plitt hat Recht dann Gesetze der Juden sind nicht unsre Gesetze, und haben es nicht seyn sollen oder können, da wir ein Volk von ganz andrem Karakter und Denkungsart sind, in einem ganz andren Land und Klima wohnen, jetzt wenigstens weit mehr verfeineret sind, eine ganz andre Verfassung, keine Blut=rächer fast lauter andre Sitten, Lebensart,

Gebräuche und dergleichen haben, die jüdischen Gesetze aber mit solchen Dingen in Verbindung stehen. Ja das alte Gesetz ist durch unsere Religion aufgehoben worden — und der Stifter unsrer Religion erklärt sich deutlich genug wider die Todesstrafen, wenn er zurückhält, eine Ehebrecherin der Steinigung schuldig zu erkennen, und endlich da man auf seinem Ausspruch beharret, verlangt daß derjenige die Execution anfange, wer unter ihnen selbst ohne Sünde wäre. Da aber keiner ohne Sünde sich fühlen konnte, und Jesus nach unserm System dies doch wissen muste, so liegt hierinn gleichsam eine Aufhebung der vom Moses so ausdrücklich und häufig verordneten Todesstrafen.

Verschanzt euch nicht hinter ein Reichsgesetz, ihr Vertheidiger der Schwerdstrafe für den Kindermord. Denn so ungereimt es auch klingt für das so zerstückte, an Klima, Religion, Religionsverfassung, Handel, Sitten und Gewohnheiten so ungleiche Deutschland ein peinliches Universalgesetzbuch entwerfen und einführen zu wollen —; so waren auch die Gesetzgeber selbst so gefällig ihr Gesetz für kein zu ewigen Zeiten geltendes Universalgesetz auszugeben, sondern mit der sehr verbindlichen, vorzüglich von den sächsischen Häusern veranlaßten salvatorischen Clausel, den Ständen ihre wohlhergebrachte Rechte und Gewohnheiten ungekränkt

gekränkt zu laſſen. Wir können alſo davon abgehen, ohne auch nur eine der heiligen Pflichten zu verletzen, die man Kaiſer und Reich ſchuldig iſt, ja wir haben es ſchon gethan — dann das Geſetz will — den rächenden Tod der Kindesmörderin in Waſſer und wir geben ihn in Blute, und ob der Regent den Kindesmord mit dem Schwerdte oder mit dem Arbeitshauſe beſtraft, iſt einerlei. Die Stände können ihre gröſten Miſſethäter begnadigen, dann dies gehört mit unter ihre erſten uneingeſchränkteſten Regentenrechte. Mag immer einer oder der andere Burger über Blutſchulden, die dadurch auf das Land gehäuft würden, ſeufzen, wenn nur die Laſter durch allzugroße Güte des Fürſten nicht im Staate herrſchend werden, ſo kann der Regent immer dergleichen frommen Tadel gelaſſen anhören.

Der Kindermord wird durch die Strafen nicht gehindert — man muß demnach bedacht ſeyn, die Quellen dieſer entſetzlichen Seuche, auf eine der Natur und Menſchheit angemeſſene Art zu verſtopfen, um aus den wilden Sprößlingen gute Bäume zu ziehen. Welches ſind aber dieſe Quellen? Eine ſchwer zu beantwortende Frage — überall Klippen — allenthalben Steine des Anſtoſſes — theils unausführbar — theils zweckwidrig. Alle bisher ausgeſonnene Mittel, den auſſerehelichen Um-

Ff 5

armunmungen zu wehren, sind vergeblich gewesen, und werden es immer bleiben, so lange Menschen, Menschen sind. Man muß das Uebel in seiner Wurzel angreifen und ich will einige hieher gehörige Hülfsmittel kürzlich anführen.

§. 156.

Mittel gegen den Kindermord.

Erstens. Man gebe Jünglingen und Mädchen einen bessern Religionsunterricht.

Ein vortreflicher und meinem Bedünken nach der einzige sichere Rath, weil er sich auf den Trost und die Beruhigung der menschlichen Seele gründet. Ohne ihn vermögen alle andere Vorschläge nichts. Religion! welcher seelerhebender Gedanke! Und was für eine Religion? Eine Religion, welche die einzige wahre Stütze des Menschen ist, welche die Würde der Menschen erhält, daß sie sich nicht durch ihre Laster zu Thieren machen — eine Religion die aus der Liebe Gottes und einer allgemeinen Menschenliebe nur ein Gesetz macht, die nur eine Tugend, nämlich das Bestreben, Gott in seiner allgemeinen Liebe zum Guten ähnlich zu werden, kennt, und darnach den Werth der Handlungen richtet — die allen Leidenschaften eine sichere Wohlthätigkeit giebt — die allen

Fähig-

Fähigkeiten und Schwachheiten des Menschen angemessen — dem Menschen schon auf Erden den Himmel bringt. Eine Religion von welcher Rousseau bekennen muß, daß ihre göttliche Majestät ihn mit Erstaunen erfülle — daß die Heiligkeit ihrer Lehren durch seine ganze Seele dringen — in dieser Religion unterrichte man die Jugend.

Allein man baue nicht das Christenthum auf den auswendig gelernten und unverstandenen Katechismus — auf äuserliche Beobachtung der Kirchengebräuche und Vermeidung öffentlicher Laster — solche närrische Kenntnisse verfliegen mit den Jahren, und der Mann so, wie der Greiß, weiß nichts weiter als leere Töne von wichtigen und heilsamen Lehren — er lebte und handelte wie ein Unwissender, und starb, wenn ihn ein bessers Schicksal für groben und den Gesezen unterworfenen Lastern verwahrte, voller Zuversicht auf den Glauben seiner Väter, ohne eine lebendige Ueberzeugung gefühlt zu haben. Man mache also die Religion zur Angelegenheit des Herzens — und nicht des Verstandes — man lehre junge Leuthe mehr schön handeln als schön sprechen. Man bilde nicht der Jugend den Begriff, daß Gott ein bloses mächtiges Wesen sey, welches zur einzigen Beschäftigung hat, verbotene Handlungen oder Unterlassungen zu bestrafen, und das, durch

gewisse,

gewiſſe, mit beſtimmten Geberden ausgeſprochene Worte, oder durch dieſe und jene Handlungen davon abgehalten werden kann; ſondern vielmehr ſage man ihnen, Gott iſt die Liebe. Glückſeligkeit ſeiner Geſchöpfe iſt der Hauptgegenſtand ſeiner Vorſehung; billig iſt es, daß wir ihn auch lieben „ und durch Reinigkeit, Lauterkeit, Redlichſchaffenheit, und Aufopferung der ſinnlichen Begierden uns ſeiner Gemeinſchaft theilhaftig machen.

Man zeige wieder, daß das Chriſtenthum die Nothwendigkeit angiebt, daß es dem Menſchen nicht gnug ſey, ſeinem guten natürlichen Triebe zu folgen, ſondern daß es darauf ankomme, jede Lieblingsneigung aufopfern und bekämpfen zu können. Ein ſolcher Religionsunterricht, wird mehr im Denken — Veränderung der Denk- und Sittart ausrichten, als alle Henker und Foltern. Wo noch die Gerichtsſtätte ſo reichlich bevölkert ſind, daß der gefühlvolle Wanderer bei deren Erblickung einen Nervenſchauer und Fieberbewegungen bekommt, da iſt noch Nacht, wenigſtens große Dämmerung noch ſehr geringe Hoffnung zur beſſeren Menſchengattung,

Zweitens, Man gebe Jünglingen und Mädgen eine beſſere Erziehung.

Wozu

Wozu nutzt eine göttliche Religion — wenn die erste — wichtigste und wesentliche Angelegenheit des Staats die Erziehung der Jugend versäumt wird, die vortrefflichste Einrichtung des Justizwesens macht einen Sachwalter nicht gewissenhaft — einen Richter nicht unbestechlich — die beste Religion kann nicht verhindern, von unwürdigen Dienern zum Deckmantel der häßlichsten Laster gemacht, und zur Beförderung der schädlichsten Absichten misbraucht zu werden — die herrlichsten Polizeigesetze können wenig Wirkung thun, wenn Vaterlands„ Liebe — Mäßigkeit, Redlichkeit und Aufrichtigkeit fremde Tugenden sind. Alles hängt davon ab, daß ein jeder zu den Tugenden seines Standes und Berufs gebildet werde, und wann soll — wenn kann diese Bildung fürgenommen werden, wofern es nicht in dem Alter geschieht, wo die Seele jedem Eindrucke offen, und zwischen Tugend und Laster unschlüssig in der Mitte schwebend, sich eben so leicht mit edlen Gesinnungen erfüllt, als dem Mechanismus der sinnlichen Triebe, dem Feuer der Leidenschaften überlassen, die unglückliche Fertigkeit des Lasters annimmt. Die Erziehung allein ist die wahre Schöpferinn der Sitten, durch sie muß das Gefühl des Schönen, der Geschmack der Tugend, und jede andere menschenfreundliche Tugend von dem Herzen

der

der Menschen Besitz nehmen; durch sie muß jede besondere Klasse des Staats, zu dem, was sie seyn soll gebildet werden.

Leider ist unsere modische Erziehung ganz sinnlich. Noch giebt es sanft schmachtende Verführer, und Lovelace's ohne Zahl. Ein nach der Mode erzogenes und empfindsames Mädgen, das am Kopf und Herzen schwach ist, ist in dieser Gesellschaft in Gefahr, ein unglückliches Opfer der Liebe zu werden. So lange man also die Schönen nicht von Jugend auf mit dem, was dies- und jenseits des Grabes beglückt, frühzeitig bekannt macht — ihren Verstand erhellet, und das Herz der Tugend offen macht — so lange man sie mit Schauspielen, Romanen, Lustbarkeiten, Bällen und Maskaraden beschäftigt, und den Ton guter Erziehung einzig und allein darinnen setzt, so lange ist keine wahre Sicherheit für die Unschuld der Schönen zu erwarten. Die allgewaltige Liebe findet hundert Wege, das kranke Herz zu besiegen, und Damen von vornehmem Ton und Mädchen aus niedern Ständen verliehren ihre Sittsamkeit und verfallen in die grösten Ausschweifungen.

Hier Jugenderzieher von beiderlei Geschlecht — hier öfnet sich für euch ein weites Feld, arbeitet dem sinnlichen Verderbniß des Herzens durch ununterbrochene Beschäftigung des

des Geistes, mit körperlicher Ermüdung verknüpft entgegen, führet sie nicht zu unthätigen Beschauungen zu müßigen Rührungen, sondern unmittelbar zur Selbstthätigkeit, führet sie und beschäftiget sie in müßigen Stunden mit Erfindungen zur Befriedigung unsrer natürlichen häuslichen Bedürfnissen; hierdurch wird der Körper gestärkt, das Gemüth erheitert, und die Leere des Geistes vermieden.

Besonders verhüte man die schädliche Empfindelei. Nichts bringt mehr dieses Uebel zuwegen als alle die Erzählungen und Bücher, welche irgend einem Menschen einen höhern Grad von Empfindsamkeit andichten, als er, Zufolge der menschlichen Natur, unter den angegebenen Umständen haben kann. Weg also mit allen denen Schriften, welche mit Sturm und Drang angefüllt, von nichts als hohem Gefühl, Kraft und Genie predigen. Weg mit denen Büchern, worinn nichts als verliebtes Staunen, Weinen und Wehklagen anzutreffen. Weg mit allen Romanen, welche jugendlichen Herzen die Liebe, als etwas so herrliches, süßes, wünschenswürdiges und göttliches vorstellen, daß sie sich für Thoren und Feinde ihres eigenen Glücks halten müssen, wenn sie die Liebe nicht lieber heute als morgen kennen lernen wollten.

Ein

Ein wohlgewählter Umgang ist ein Hauptverehrungsmittel der Sittsamkeit. Freilich ist derselbe eher empfohlen, als gefunden. Wer den herrschenden Ton unsrer Gesellschaften kennt, zittert, wenn er die unschuldige reizende Schöne in das Gesellschaftszimmer eintreten sieht. Sie müßte, wie der erste Schiffer ein Herz haben, das mit dreifachem Erzt umgeben ist, wenn sie so vielen und herzhaften Angriffen, so manchen hinter Wohlstand, Freundschaft und Herablassung versteckten Verfolgungen in die Länge widerstehen sollte. Hier ist ein weites Feld wo der Jugenderzieher ein wichtiger Mann für den Staat, und durch seine Lehren ein Bewahrer der Unschuld werden kann. Der Umgang mit dem Frauenzimmer ist jederzeit eine gefährliche Klippe für Mannspersonen. Aber zum Unglücke ist kein ander Mittel vorhanden, Erfahrung, Welt und Menschenkenntniß zu erlangen, als in der Schule dieser gefährlichen Lehrmeisterinnen. Sie sind es welche das Höferichte in unseren äusserlichen Sitten abzuhobeln, das Rauhe zu glätten, und unserm ganzen Wesen denjenigen Weltfirniß anzustreichen wissen, ohne welchen die liebenswürdigsten Tugenden verkannt, die größten Verdienste vernachläßiget werden Sie sind es, welche sich das Monopolium des Lobes und des Tadels, des guten und bösen Rufes in der

St-

Gesellschaft angemaßt haben, und es dergestalt auszuüben wissen, daß unser guter Name mit dem Grade ihres Beifalls allezeit im genauesten Verhältniß stehet. Mann kann also ihrer nun einmal nicht entbehren — muß ihnen zu gefallen suchen, nur ist die Frage wie man es anzufangen hat, aus ihrer Gesellschaft Vortheil zu ziehen? Hier dient folgendes. Man bleibe stets in denen Schranken einer ehrerbietigen Achtung auch alsdann, wann die Bekanntschaft schon zu einer Art von Freundschaft gediehen wäre, und vermeide in Reden und Handlungen alles, was zu einer unanständigen Vertraulichkeit Anlaß geben könnte. Man hüte sich den Ton einer geistlichen Seelenliebe anzustimmen, denn diese artet über kurz oder lang in große Sinnlichkeit aus. Vergebens glaubt man, daß die Liebe in den Schranken einer unverläugbaren Keuschheit bleiben werde. Die Sinnlichkeit überwältiget alles — ein geheimes Feuer kocht in allen Adern — das Frauenzimmer wird durch die bezeigte Hochachtung und Unterdrückung des sinnlich wollüstigen Ausdrucks bewegt — man will nicht undankbar seyn — man erlaubt sich einen Kuß — auf Kuß folgt Umarmung, und alle diejenige Vergnügungen die man unter dem Namen unschuldiger Freiheiten verkauft. Ein unglücklicher Augenblick erscheint — man vergißt alles — um der Liebe zu opfern,

G g   und

und gute Nacht mit allen platonischen Empfin=
dungen. Besonders müssen junge Leute bei=
derlei Geschlechts alle Gelegenheit allein zu
seyn, vorzüglich aber jede Berührung des Kör=
pers vermeiden, weilen das Feuer der Wol=
lust in diesem Stück dem elektrischen Feuer
gleicht, welches hervorprasselt, sobald der
elektrisirte Körper angerühret wird.

Besonders aber muß jungen Damen der
Grundsatz eingeprägt werden, welchen Sterne
Elisen empfahl: (Habe Achtung für dich selbst:)
man muß ihnen als das sicherste Mittel ihr
Herz gegen Verführungen zu bewahren, anprei=
sen das männliche Geschlecht so kennen zu ler=
nen, daß es ihnen keine Hochachtung einflößen
kann. Frauenzimmer müssen eine grosse Mei=
nung von der Würde ihres Geschlechts hegen,
eine geringere von dem männlichen fassen —
und einsehen lernen, daß die Mannsperso=
nen blos die Befriedigung ihrer Begierden oder
ihrer Eitelkeit bei ihnen suchen; Sie müssen
unter der Menge ihrer Verehrer denjenigen
als den gefährlichsten ansehen, der das Glück
hat zu gefallen. Eine unangenehme Wahrheit
für das Herz, aber doch eine Wahrheit! Frau=
enzimmer müssen demnach ihre eigene Wichtig=
keit zu schätzen wissen, sich nicht durch Dul=
dung gewisser Freiheiten, in die Klasse leichtsin=
niger Koquetten versetzen, und muthwillig um

die

die Ehrerbietung würdiger Personen bringen, sondern vielmehr nach der höchsten Würde ihres Geschlechts und nach jeder liebenswürdigen und edlen Eigenschaft, die ihrem Stande gemäß ist trachten, alle vorgesagte Schmeicheleien nicht anders als einen Spiegel ansehen, in welchem sie das Gegentheil erblicken sollen — und jede Freiheit welche sich Mannspersonen herauszunehmen suchen, mit demjenigen ehrfurchtgebietenden Blick zurückweisen, der von der Tugend unzertrennbar ist.

§. 157.

Fortsetzung.

Drittens. Der uneheliche Beischlaf muß nicht gestraft, Kirchenbuße und ähnliche geistliche und weltliche Beschimpfungen müssen abgeschaft werden.

Furcht vor der Schande ist die, in den meisten Staaten nie versiegende Quelle des Kindermords. Und Kindermorde die blos in der Schaam, dieser auf das schöne Geschlecht mit so mächtigen Reizen würkenden Tugend ihren Grund haben, sollte man auch größtentheils nur mit Schande strafen; dagegen aber allen auf geschwächten Mädgen haftenden Schimpf aufheben. Denn die im gemeinen Leben das illegale Mutterwerden begleitende Makel ist für das gefühlvolle, entehrte Mädchen nur zu oft der gerade Weg zum Bordell. Aber man geht fast überall mit der Geschwängerten zu hart, und mit dem Schwängerer zu gelinde um. Dränge man mehr darauf, daß die Ehre der Geschwächten von Seiten des Mannes reparirt würde, der Kindermord würde gewiß verringert werden. Ja wer weiß, ob die Sittlichkeit nicht selbst durch solche Anstalten gewönne, da sie das männliche Geschlecht gewiß vorsichtiger machen würde: Zwangs=ehen rathe ich nicht an: ihre traurigen Folgen sind zu sichtbar. Ich weiß nicht, ob die Hurerei dadurch in etwas gehemmet wird, aber gewiß ist es, daß das Ehebrechen dadurch befördert wird. Die eheliche Treue, Vertraulichkeit und Liebe, die heiligsten und heilsamsten Bande der Gesellschaft werden dadurch aufgehoben. Der Mann welcher seine Frau, indem er ihr gezwungen die Hand reicht, als eine Hure betrachten muß, kann nie ihr wahrer Freund werden — kann nie die Hochachtung für sie bekommen, die zu einem glücklichen Ehestand unumgänglich nöthig ist. Es ist auffallend wie gleichgültig solche Eheleute miteinander leben — die meistens durch diesen unatürlichen Zwang verknüpfte Ehepaare sind Kinderlos — und bekommen sie auch Kinder, so theilt sich die Gleichgültigkeit der

Aeltern

Aeltern auch den Kindern mit, und die sanfteren Empfindungen der Liebe und Freundschaft werden schon in der Jugend erstickt. Aber vortrefflich ist der Vorschlag, welcher in dem Entwurf eines allgemeinen Gesetzbuchs für die preußischen Staaten steht: „In gewissen Fällen die Geschwächte durch richterlichen Ausspruch für des Verbrechers Ehefrau zu erkennen, die Ehe aber gegen Erlegung der Ehescheidungsstrafe wieder zu trennen und dadurch der Geschwächten den Namen und die Vortheile einer geschiedenen Frau zuzusichern." Ein Vorschlag der wie Meiners erzählt, im Kanton Bern längst zur Sitte geworden ist. Denn wenn dort ein Bauer seinem geschwängerten Mädchen untreu wird, copulirt ihn das Ehegericht mit Gewalt. Sieht man aber daß beide Eheleute sich gar nicht zusammenschicken und ihr enges Band nur wechselseitiges Unglück erzeugen würde, so trennet man die Ehe wieder, und so sind Mutter und Kind von allem Makel frei.

Das Verbieten und Bestrafen des unehelichen Beischlafes hat bisher das nicht ausgerichtet, was es nach dem Willen und der Absicht des Gesetzgebers ausrichten sollte. Warum behält man ferner ein Gesetz bei, das der unwiderstehlichen Natur entgegenarbeitet, und dennoch den Zweck ganz verfehlet? je härter und gehäufter die Strafen sind, destomehr werden

Blut=

Blutschulden auf ein Land gebracht. Der Gesetzgebenden Klugheit ist es dahero nicht zuwider, die Schande von dem unehelichen Beischlaf wegzunehmen, sie erfordert es vielmehr, wenn anders Strafen und Verbrechen verhältnißmaßig seyn sollen. Die Sittlichkeit ist einer solchen Aufhebung nicht zuwider — denn Gesetze welche die Sittlichkeit des Jahrhunderts betreffen, müssen auf den Geist desselben gebauet seyn. Nun heißt Sitte bei uns ohngefehr eben das, was Mode heißt, ein Ding daß durch den Eigensinn des Menschen täglich neue Bestimmungen erhält, wo also ein System unmöglich ist. Unsere heutige Sitten sind so verfeinert, daß bei dieser Politur kaum das ächte Schroot und Korn mehr sichtbar und zu erkennen ist. Es ist daher schwehr ja so zu reden unmöglich zu bestimmen, was die heutige Sittlichkeit sey, was sie vermehre — was sie vermindere. Die wahre Sittlichkeit bestehet in der Ueberzeugung des richtigen Bewustseyns der Erfüllung seiner Pflichten gegen Gott, gegen sich selbst und den Nebenmenschen. Die Uebertrettung eines dieser dreien Stücke, bringet Fehler gegen die Sittlichkeit herfür. So dachte man ehemals, und man kannte die sogenannte spätere Galanterie nicht. Jetzo ist es umgekehrt — und ich zweifle, ob man es einem jungen Mann, der seine Volljährigkeit erreichet hat, auf sein Wort

glau-

glauben würde, wenn er sich der Enthaltsamkeit
rühmte. Gewohnheit hat hier dem Laster die
Häßlichkeit genommen, und die Allgemeinheit
hat es zur Mode gemacht, so daß es der Sitt=
lichkeit, wie sie jetzt ist, keinen Abbruch thut.
In dieser Lage der Sache wird also durch Auf=
hebung der Strafe der uneheliche Beischlaf we=
der vermehrt noch vermindert werden. Es fin=
den sich jederzeit Dirnen, die mit ihrem Kör=
per Gewerbe treiben werden — und da Laster
und Ausschweifungen keine Kinder erzeugen,
so wird dies Verbrechen ohne Anzeige, ohne
Kläger, und selbst dadurch ohne Strafe blei=
ben. Die Schande trift also blos Personen
die geschwächt worden sind, und die der Sache
überwiesen sind. Und diese wollen wir schän=
den? wollen ihnen ihre Ehre nehmen, und na=
türlicher Weise auch nöthigen, jenen Creaturen
gleich zu werden? heißt dies der Sittlichkeit
zuträglich oder vielmehr schädlich? Es ist wohl
entschieden, daß es letzteres sey? Man nehme
dem Gefallenen nur nicht die Mittel zur Bes=
serung, so wird er, es sey zeitig oder spät,
seinen Fehler bereuen, umkehren und gut wer=
den. Es bleiben noch immer natürliche Einwür=
fe gnug, um eine Person von dem Genuß der
Wollust abzuhalten; wenn ich auch Religion
und Tugend nicht erwähne, so ist wohl das
wirksamste, die Sorge Mutter zu werden; und

da=

dadurch sich den Beschwerden der Erziehung ausgesetzt zu sehn. Auch der Ehestand wird nicht geringer geschätzt werden, und da wo alle Schande aufgehoben ist, nemlich in den Preußischen Staaten, werden darum doch nicht weniger Ehen geschlossen als zuvor.

Viertens. Man beschleunige und erleichtere die Ehen, so viel nur immer möglich ist.

Auch dieses Mittel verdient alle Beherzigung. Ein mannbares Mädchen, das in sich ein unverlöschliches Feuer und den unvertilgbaren Trieb, Mutter zu werden fühlet, ist in der verfeinerten Welt, in der Gefahr, von der schmeichelnden Liebe berücket zu werden — und dennoch soll sie das verzehrende Feuer nicht fühlen — nicht den reizenden Begierden weichen, nicht den Liebkosungen der Männer nachgeben, bis im vierzigsten Jahre sich jemand ihrer erbarmet, oder auch wohl denn ohne Hoffnung verbleichen. Wozu gab ihr die Natur das frische und muntere Kolorit, die schönen Wangen, das liebvolle Feuer der Augen, und den verfänglichen Busen? Doch wohl nicht zum langsamen Verwelken? Entweder da die Bedürfnisse des Lebens immer mehr und mehr zunehmen, müssen die Fürsten zusehen die Ehen durch allerhand anziehende Mittel, Versprechung und Belohnungen zu begünstigen, und den Mädchen,

ehe

ehe die Reize verblühen Männer verschaffen, oder es ist zu besorgen, daß manche physische und moralische Unordnungen daraus entstehen. Die Natur läßt sich nicht durch Tribonnians Befehle unterdrücken — Die Liebe — Begierde und Trieb wird sinnreich, und erfindet zur Tilgung derselben solche Mittel, die kein Gesetzgeber so leicht bemerken oder hintertreiben kann. Onanie bei beiden Geschlechtern, Knabenschänderei und wahre Sodomiterei. Hier treten Laster, welche den Körper unwiderbringlich zerstöhren, und die Menschheit schänden, an die Stelle des verbotenen unehlichen Beischlafs, und stille Opfer der verzehrenden Liebe werden allgemein. Ein hartnäckiger weißer Fluß, Krämpfe, Zuckungen, Ohnmachten, Nervenschwäche, Trübsinn, Niedergeschlagenheit und Schüchternheit der Seele, reibt drei Theile unserer Schönen auf, und sind hinreichende Winke, für Obern, Aeltern und Erzieher, an die thätige Abschaffung dieser physischen Unordnungen Hand zu legen.

Fünftens. **Man befördere noch insbesondere die Ehen solcher unglücklichen Personen.**

Es ist Billigkeit, wo nicht Pflicht, daß der Staat solche Personen, auf die schicklichste Art zu Ehren bringe. Und dies thun gesetzmäßige Ehen. Eine öffentliche Ausstattung sie sey so mäſ=

mäßig, als sie wolle, wird manchen ehrlichen Mann vom Bürgerstande bewegen, — einer solchen Geschwächten, die, außer diesem Fehler, vielleicht das beste und unschuldigste Geschöpf von der Welt, und durch die traurige Erfahrung gedemüthiget ist, seine Hand zu reichen. Die Aussteuer macht ihn und sie glücklich, auch jener bekommt den Anfang zu seiner Handthierung, und dieser dadurch frohe Aussichten in die Zukunft.

Sechstens. Man sorge für die Erziehung der unehlichen Kinder, und lasse sie alle Rechte des Bürgers ungestört geniessen.

Die unrechtmäßige Weise, mit welcher ein Mädchen schwanger wird, und die Vorzüge, welche der Ehestand in mehrerem Betreff der schwangern Ehefrauen giebt abgerechnet; so ist die Schwangerschaft bei jener eben so achtungswürdig, als bei dieser: beede tragen einen Bürger unter ihrem Herzen, und ein göttliches Geschöpf, welches noch von menschlichen Satzungen unabhängig, auf jedem fruchtbaren Acker geräth, auf welchen es hingesäet wird. Was kann der Foetus dafür, daß nicht sein Vater vor seiner Zeugung, öffentlich mit seiner zu leichtgläubigen Mutter Ringe gewechselt, und nicht hat laut verkünden lassen, daß er nächstens bei derselben schlafen werde. Das Kind hat
gleich

gleich einer ehelichen Geburt, alle seine geraden Gliedmaßen, und bringt die Anlage zu einem kleinen oder großen Manne mit sich. Das unglückliche Kind also, das mehrmals seinen Vater nicht kennt, oder nicht kennen darf, und eine arme gesetzmäßig unglückliche Mutter hat, fordert das Mitleid des Staats und der Edlen im Volk. Es ist Waise wider Verdienst und leidet, was es nicht verschuldet hat. Findelhäuser sind hier unentbehrlich, weil dadurch uneheliche und eheliche Kinder armer Aeltern dem gewaltsamen Tode aus Mangel entrissen werden. Die Policei hat nur dafür zu sorgen, daß hierbei keine Unordnungen vorgehen. In kleinern Städten müssen Erziehungshäuser angelegt werden. Hier wird das arme und verlassene Kind unentgeltlich, und das andere, das sonst die Mutter verpflegen mußte, für ein mäßiges Erziehungsgeld aufgenommen. Nach einiger Zeit werden die Kinder in Waisenhäusern verpflegt, unterrichtet und zur angemessenen Arbeit angehalten. Es ist ein wahres Vergnügen, auf diese Art dem Staate Bürger erhalten zu haben, die sonst unausbleiblich verlohren waren; Besonders wenn nachher solche Kinder alle Rechte der übrigen Menschen und Bürger genießen. Es ist auffallend in unsern Tagen einen sehr geschätzten Schriftsteller, der aber bei allen seinen Verdiensten den Fehler zu haben scheint, daß er er alles alte und längst vergessene und abgekommene zu vertheidigen sucht, weil unsere Vorfahren doch auch keine Narren gewesen, zu sehn, der die Schande der Huren und unehlichen Kinder in seinen Schutz nimmt. Ohnmöglich kann die Mutter durch ihren Fehltritt dem Kinde die natürlichen Rechte vergeben, und die bürgerlichen Gesetze als Schreckbilder betrachtet, vermögen nichts gegen unehliche Umarmungen; und es ist demnach sehr unerwartet, wenn man das menschenfreundliche Bestreben, die unehlichen Kinder gegen die Macht eines Vorurtheils zu vertheidigen, welches so viele Kindermörderinnen erzeuget, und so manches Talent erstickt hat, für eine sehr unpolitische Handlung einer neumodischen Menschenliebe, welche sich auf Kosten der Bürgerliebe erhebe, ausgeben will. Man beruft sich auf die göttlichen Gesetze, nach welchen die Kinder bis ins vierte Glied ihrer Väter Missethaten tragen musten. Allein litte dieses seine gerade Anwendung so muste auch das Kind das Leben verlieren, wenn einer der Vorfahren bis ins vierte Glied das Leben verwirkt hätte.

Siebentens. *Man wende alle Mühe an, die Schwangerschaft bei ledigen Weibspersonen zu entdecken.*

Man

Man gebe auf Tochter und Magd sorgfältig
Acht. Jeder Hausvater und Hausmutter sollten
bei jeder vorfallenden hartnäckigen Unpäßlichkeit
auf alle Zeichen und Umstände derselben genau
Obacht haben. Die Wäsche kann ein Verräther
der verlohrnen Unschuld werden, aber auch
mehrmals trügen. Sie kann blos sagen, was
geschehen ist, und Anleitung zur genauen Auf=
sicht geben. Von diesem Augenblick an gebe
man nicht zu, daß solche Personen eigenmächtig
Arzneien brauchen, man erlaube ihnen im Haus
nicht mehr Schnürbrüste und Schnürleiber anzu=
ziehen, damit das Wachsthum des Unterleibs
nicht verborgen werden könne. Man ziehe einen
Arzt, und einen geschickten Geburtshelfer, oder
eine erfahrne Hebamme zu Rath, lasse alle Um=
stände sorgfältig prüfen, brauche vernünftiges
und sanftes Zureden, und lasse im äussersten
Fall den Leib sselbsten untersuchen. Sollte sich
die unselige Entdeckung bestättigen, so brauche
man nicht Schärfe, Kränkungen und Beschim=
pfungen, sondern ernstliches Verweisen, ver=
bunden mit christlicher Liebe und Duldung. Ist
es die Tochter, so suche man durch baldige Ver=
heirathung der Schande vorzubeugen. Ist es
die Dienstmagd, so sollten billig Herrschaften
die Stelle der Aeltern vertreten, und alle er=
sinnliche Mühe sich geben, eine eheliche Verbin=
dung zu stiften. Sollte diese nicht zu bewerk=
stelli=

stelligen seyn, so verstoße man die Unglückliche nicht gleich aus dem Haus, und mache ihre Schande ruchtbar, sondern suche ihr mit Rath beizustehen, allenfalls auch einen Ort auszumachen, wo sie ihre Wochen ruhig aushalten kann. Man warne sie fürm Kindermord — führe ihr zu Gemüthe, daß ihre Leibesfrucht ein für die Ewigkeit geschaffenes Geschöpf — Fleisch von ihrem Fleisch — Blut von ihrem Blut seye — daß dieses Kind die Freude ihrer künftigen Tage seyn werde — vielleicht die einzige Hülfe in denen in der Folge sich einstellenden Krankheiten — der einzige Trost in Kummer und Leiden — die einzige beste Stütze des künftigen Alters. Man erinnere sie an das Beispiel der Thiere — bei allen Thieren überhaupt ist der Trieb zur Erhaltung der Jungen stärker, als alle andere Begierden; Sie hungern und dürsten lieber, entbrechen sich den Schlaf und alle Bequemlichkeit, ja sie schonen ihr eigen Leben nicht, um nur die Jungen nicht zu verwahrlosen. Und eine Mutter eines vernünftigen Geschöpfs — eine Pflegerin des Ebenbilds der Gottheit sollte ihre Pflichten verabsaumen? Durch solche Vorstellungen suche man das Gefühl der Menschlichkeit und des Mitleids bei solchen Unglücklichen zu erregen, und der Kindermord wird gewißlich verhindert werden, es

seye

seye denn, daß solche Elenden in die tiefste Melancholie fielen und rasend würden.

§. 158.
Wie todtscheinende Neugebohrne ins Leben zurückzubringen.

Wird die Schwangere gegen die Zeit der Geburt mit einer schweren Krankheit befallen; durch Nervenzufälle oder starke Leidenschaften erschüttert, durch Fall oder Stoß verletzet, oder durch eine Blutstürzung entkräftet — Oder ist die Geburt schwer — der Durchgang zu enge — oder sitzt die Nachgeburt am Muttermunde — hat das Kind einen Druck oder die Mutter Gewalt erlitten — ist die Nabelschnur gedruckt, oder abgerissen, oder haben sich sonst Verletzungen zugetragen, so kommt das Kind oft schwach und bisweilen ohne Zeichen des Lebens zur Welt, und wird gemeiniglich als todt hingelegt, ohne daß sich die Hebamme um desselben Rettung weiter bemühet.

Nichts aber sollte sie abhalten, auf Ermunterung und Lebensrettung, des oft nur scheinbar todten Kindes zu denken; wann auch schon vor der Entbindung einige Zeit keine Bewegung der Frucht empfunden worden, der Unterleib
sich

sich gesenkt hat, und das Kind in demselben hin und herfällt.

Wenn auch die vermeinten Todeszeichen alle da zu seyn scheinen; wenn auch die Augen geschlossen, die Lippen bleich und alles todtenblaß oder braun, blau und leblos ist. — Wenn das Kindes Pech abgegangen — Herz und Nabelstrang nicht schlagen — die Gliedmaßen schlapp sind, der Kopf schlottert — der untere Kiefer niederhängt, und wenn er aufgerichtet wird, wieder niederfällt; so müssen doch alle mögliche Mittel angewendet werden.

Nur dann sind die Versuche mißlich, wenn sich ein moderichter Geruch äusert, der Nabelstrang welk, braunlicht, und von anfangendem Moder morsch ist; wenn die Oberhaut am Körper sich bei mäßiger Berührung ablöset, und sich an den Augen und an dem Unterleibe Zeichen der Fäulung befinden.

Kommt also das Kind zur Welt, und athmet und schreit nicht sogleich: so fährt man mit einem in Oel getauchten Finger tief in den Mund, um den Schleim heraus zu bringen und die Theile zu reizen, drückt auch zugleich gelinde die Brust von unten nach oben, und haucht warmen Athem ein.

Erfolgt nicht sogleich ein merkliches Athmen; so säume man keinen Augenblick das Kind von der Mutter zu entbinden, und den Nabelstrang

Franz vier Zoll über des Kindes Nabel abzuschneiden. Die Hebamme läßt sogleich Tücher wärmen und entbindet die Gebährerin vollends von der Nachgeburt.

Man pflegt das Kind am Nabelstrange mit der Nachgeburt zusammenhängen zu lassen, oder wenn die Nachgeburt mit folgt, diese in warm Wasser, Bier oder Wein zu legen, und sich einzubilden, es werde dadurch der Umlauf des Bluts wieder hergestellt. Allein vergeblich, und man verliert nur die Zeit, die zu eiliger Belebung nothwendig ist.

Das Hauptwerk ist das Einblasen der Luft, um das Athmen zu bewirken. Das Kind wird ausgestreckt und gegen die Gehülfin auf seine Seite gelegt; man hält beide Nasenlöcher zu, und läßt ihm mit einer Röhre, oder besser, wenn man Mund auf Mund leget, einigemal hintereinander Luft in den Mund; doch muß man dieses Einblasen mit Vernunft vornehmen; denn es kann Schaden anrichten, wenn eine weitbrüstige Hebamme aus voller Brust all ihren Athem in die schwachen Lungen eines kleinen Kindes wiederholt, und noch ehe sich diese wieder haben ausleeren können, einzwingen will. Nach einigen Versuchen muß man sich hüten, die Sache auf diesen Weg zwingen zu wollen.

Hh Auch

Auch sind die Tobaksklystire in diesem Fall sehr nützlich, doch muß man den immer sehr warmen Rauch nicht mit zu vieler Heftigkeit einblasen, damit nicht die Därme durch die Hitze beschädiget werden mögen. Selbst das zu häufige Einblasen kann schaden, indem nicht nur die Eingeweide zu sehr gereizet, sondern das Einathmen, durch die zu sehr aufgeblähten Därme verhindert werden kann. Immer ist es dienlich, bald nach dem Tobacksrauchklystir, ein anderes erweichendes beizubringen, wenn sich das Kind in etwas erholet hat, um so die Därme wieder von dem reizenden Tobaksdunst zu befreien.

Nebst diesem reibt man die Fußsohlen und die beiden Brustwarzen mit einer mäßig rauhen Bürste, oder sauget sogar an gesagten Brustwarzen, besonders an der linken, um solche besser zu reizen; man kitzelt Nase und Schlund mit einer Feder, spritzet Wasser und Wein, beides kalt, jähe in das Angesicht, auf die Brust, auf die Geburtstheile, man hält flüchtiges Alkali vor die Nase, bläst stark in die Ohren, bewegt mit beiden Händen die Brust und den Leib des Kindes auf und ab, und umwickelt die untere Theile immer mit warmen Tüchern, man wäscht das Haupt und Angesicht mit

mit warmem Wein, leget auch dergleichen auf die Magengegend und den untern Leib.

Mit allen diesen Mitteln wechselt man sorgfältig ab, und giebt den Versuch nicht auf, bis sich nach Verlauf von wenigstens einer Stunde, äußere ob das Kind im Pulse oder im Athemholen, einiges Leben verrathe, oder im Gegentheil immer kälter und einem Todten ähnlicher werde? Nach allen fruchtlos abgelaufenen Versuchen, legt man das Kind nicht in eine unbewohnte Kammer, sondern über den ganzen Unterleib in warme Decken eingewickelt, an einen mäßig warmen Ort, wo man es noch eine Zeit lang im Gesicht behalte.

Neuntes Kapitel.
Vom Kaiserschnitt.

§. 159.
Was man unter dem Kaiserschnitt verstehet.

Kaiserschnitt ist diejenige chirurgische Operation, vermöge welcher die Leibesfrucht welche weder durch eine natürliche noch künstliche Entbindung durch die Mutterscheide sie seye lebendig oder nicht, zur Welt gebracht werden kann, entweder noch bei Lebzeiten der Mutter, oder nach ihrem Tode, durch einen klüglich unternommenen Schnitt, aus Mutterleib herausgenommen wird, damit Mutter und Kind entweder zugleich, oder doch wenigstens eins von beiden beim Leben erhalten werde. Der Fall wenn diese Operation angestellt wird ist dreifach: Erstens wenn eine schwangere Frau entweder in den letzten Monaten der Schwangerschaft, oder in der Geburt berstirbt, und die Leibesfrucht lebendig im Unterleibe verspüret, et, oder doch lebendig zu seyn vermuthet wird. Zweitens wenn die Mutter lebet, die Frucht hingegen todt, und auf keine Weise eine Entbindung vorgenommen werden kann. Drittens wenn beide die Mutter und Leibesfrucht am Leben sind, hingegen solche Umstände eintretten, daß weder natürliche noch künstliche Geburt statt finden, und also beide ohne diese Operation in die augenscheinlichste Lebensgefahr gerathen.

§. 169.

Erster Fall. Ursachen desselben.

Zuweilen stirbt die kreisende Mutter, unter währenden heftigen Wehen, plötzlich am Schlagflusse, der von einem zu großen Hinderniß des Blutumlaufs, besonders aber von einem unmittelbaren stärkeren Druck, der längst dem Rückgrad absteigenden großen Schlagader, wodurch die Säfte sich meistens nach dem Kopfe wenden, und allda die zarten Hirnhäute zu gewaltsam ausdehnen oder zerreissen, zu entstehen pflegt.

Oder sie stirbt an Krämpfen welche durch den ganzen Körper, oder in einem wichtigen Theile desselben den Kreislauf der Lebenssäfte auf einmal hemmen. Der heftigste Grad der

Geburtsschmerzen erzeugt zuweilen bei sehr empfindlichen Naturen, so tödtliche Wirkungen.

Oder sie stirbt an einem heftigen Blutsturz, welcher meistens von einem zu frühen abgelösten oder auf dem Muttermunde angewachsenen Mutterkuchen entstehet, oder ist endlich eine Gebährmutter-Zerreissung daran Schuld: unter welcher das Leben der Mutter mit dem stromweis aus ihren Gefäßen tretenden Blut verlohren gehet.

§. 161.

Es ist sehr schwer von diesem Zustand zu urtheilen.

An was für Ursache sie aber immer erblasse; so ist allemal gewiß, daß es überaus schwer ist, bei manchen also verlohrnen Schwangern, sogleich den Zeitpunkt ihrer wahren Entseelung zu bestimmen. Da der Schlagfluß bei Gebährenden so wenig, als bei andern allezeit tödtlich ist; zu demselben auch gar leicht eine scheinbare Auslöschung der Lebensverrichtungen sich gesellen kann; so muß es sehr schwer werden einen solchen Schlagfluß von dem Tod selbsten zu unterscheiden.

Erwegen wir ferner, daß auch nicht schwangere Weibspersonen wegen hysterischen Umständen ben in anhaltende Ohnmachten, welche den wirklichen Tod so genau vorstellen dahinsinken, und oft unverletzt, nach wenigen Stunden zu sich kommen, so wird man finden wie leicht bei einer empfindlichen Schwangern, durch die Gewalt der Schmerzen das nämliche geschehen müsse. Ist man ferner nicht im Stand zu bestimmen, wie viel dieses, oder jenes Frauenzimmer Blut verlieren müsse, um daß keine Hoffnung mehr übrig sey, die schon ganz verlohren geschienenen Lebenskräfte wieder zu gewinnen; so ist es schwer zu bestimmen, ob ein nach einem starken Blutsturz erkaltetes Frauenzimmer wirklich todt seye, da dieses Geschlecht ohnehin dergleichen Zufälle weit eher als das männliche zu ertragen scheint.

§. 162.
Gewöhnliche Kennzeichen des Todes.

Für wirkliche Kennzeichen des Todes hält man insgemein folgende.

- Wenn das Herz und die Adern, der Puls nicht mehr schlagen.
- Wenn der Mensch nicht mehr athmet.
- Wenn alles Gefühl aufhöret.

Wenn alle äußere Bewegungen verlohren gegangen.

Wenn der Körper ganz kalt anzufühlen ist.

Wenn die Gliedmassen ganz steif, oder ganz starr geworden.

Wenn verschiedene Schließmuskeln nachlassen.

Wenn die untere Kinlade von freien Stücken herunterfinkt.

Wenn aus geöffneten Adern kein Blut mehr fließet.

Wenn die Augen gebrochen sind.

Wenn sich Zeichen der Fäulnis einstellen.

§. 163.

Ungewißheit dieser Zeichen überhaupt.

Keines von allen diesen Zeichen, ja nicht einmal ihr ganzer Inbegriff ist hinlänglich den wirklich vorhandenen thierischen Tod, außer allem Zweifel zu setzen; und es ist eine ausgemachte Sache, daß alle Kennzeichen des völligen Todes, bis zum Anfange der allgemeinen Verwesung trüglich sind, und daß, wo nicht alle Menschen, doch gewiß die allermeisten erst alsdann sterben, wenn sie schon eine geraume Zeit vorher todt geschienen haben.

Man würde mit Uebereilung an dieser Sache zweifeln, wenn man nicht vorher gelesen hätte, was die Beobachter aller Zeiten von den Kennzeichen des Todes angemerkt haben. Leute bei denen weder das Herz, noch der Puls eine Bewegung gehabt hat, die selbst Aerzte, aller Nachforschung ohngeachtet nicht haben entdecken können; wo sich nicht die geringste Spur eines Umlaufs des Bluts offenbart; wo keine Spiegel noch Federprobe das mindeste Athemholen entdeckt, wo das Gesicht eine Todtenfarbe gehabt; die Glieder steif und unbeweglich verharret, die natürliche Wärme sich gänzlich verlohren, und die heftigsten Eindrücke in die Sinne kein Zeichen einer Empfindung gegeben haben, sind für todt gehalten, einige Tage lang zur Schau gestellt, begraben, und doch zuletzt, da sie sich in ihren Gräbern gemeldet, noch lebendig gefunden worden.

Aus allen diesen Wahrnehmungen schließt man mit Recht, daß uns der erste Zustand frischer Leichen keinesweges berechtige, zu behaupten, daß zugleich mit ihrem letzten Athem und Pulsschlage, und zugleich mit dem Anfange aller dieser mißlichen Zeichen des Todes, die völlige Trennung des Leibes und der Seele schon wirklich seye. Da einige solcher Personen wieder zum Leben gebracht worden, nachdem sie sich in eben dem Zustande befunden haben

ben, wie andre frische Leichen, und da also in diesem Zustande dennoch der letzte Funke des Lebens noch nicht bei ihnen erstickt gewesen ist; so ist unwidersprechlich, daß der wahre Augenblick des völligen Todes gar nicht an alle diese Zeichen gebunden seye, und daß Leute die sich in diesem Zustande befinden, wenn sie auch nie wieder zum Leben gelangen, noch eine Zeitlang nach diesem ihrem scheinbaren Absterben, einiges thierische Vermögen und Kräfte behalten können, welche noch Statt haben können, obgleich die Maschine, allen natürlichen Zeichen nach, schon wirklich zum Stillstande gelangt ist. Wenigstens würde es eine völlige erweisliche und ganz unbedachtsame Uebereilung seyn, wenn man aus dem Zustande einer frischen Leiche, weil er dem Zustande völlig todten ähnlich ist, schliessen wollte, daß sie in der That schon im strengsten Verstande todt wäre. Man kann auch nicht schliessen, daß diejenige Personen, welche nach einigen Tagen wirklich in Fäulniß gehen, deßhalb gleich von der Stunde und dem Tage an, da man ihnen die Augen zugedruckt hat, schon wahrhaftig todt gewesen wären. Die Ursachen des Zustandes, der dem Toden ähnlich ist, können in manchen Fällen nach und nach von selbst, oder auch durch Hülfe der Kunst wieder vernichtet werden. Bei andern Personen, die auf eben dieselbe Weise um-

umgekommen sind, können Umstände, Nachläs-
sigkeit oder unüberwindliche Schwierigkeiten von
andrer Art die Hinwegraumung dieser Ursachen
unmöglich machen, und denn erstickt endlich mit
der Zeit dieser Funke des Lebens gänzlich. Allein bis zu diesem Augenblicke kann der innere
Zustand einiger thierischen Kräfte bei ihnen noch
eben derselbe geblieben seyn, als bei denen die
wieder zum Leben gelangen. Wenn man be-
denkt daß die Veränderung der Farbe, der
Mangel aller Bewegungen, aller Zeichen von
Empfindungen, der Wärme des Athemholens
und Pulses fast die einzigen Lösungszeichen
sind, nach welchen man einen Menschen todt
sagt; und wenn man zugleich liefet wie unzuverläßig diese Zeichen sind; so kann man ohne
Uebertreibung behaupten, daß die meisten Menschen nicht ehe wirklich sterben, als nachdem sie
schon lange Zeit für todt gehalten worden sind.

Denn die aufgehörte Bewegung des Herzens und Pulses beweiset nichts. Der Puls ist
in vielen Fällen am ganzen Körper unseren Finger unfühlbar, ohne daß deswegen immer der
Tod erfolgt. Und denn giebt es Menschen, bei
welchen die Schlagadern die äußerlich gefühlt
werden widernatürlich klein sind, und an welchen bei einer geringen Schwäche aller Pulsschlag
aufhört. Selbst in der so beträchtlichen Nabel-
schlagader eines neugebohrnen Kindes, kann
aller

aller Puls aufhören, und doch das Kind zuweilen leicht wieder hergestellt werden.

Daß das Athemholen eine Zeitlang ausgesetzt werden könne, ohne daß man daraus auf einen gewissen Tod des Menschen schliessen dürfte, lehren sehr häufige Beispiele von solchen die eine längere Zeit unter Wasser gelegen hatten, und doch wieder glücklich hergestellt worden.

Das verlohrne Gefühl ist ebenfalls von sehr geringem Gewicht. Man hat oft sehr lange allen möglichen Reiz auf Ertrunkene oder Erstickte, ohne Erfolg angebracht; und war im Begriff alle Versuche aufzugeben: als, wider alle Erwartung, ein Verdacht von irgend einem Lebenszeichen die ausgesetzten Bemühungen wieder aufs neue anfangen hieß, und der Scheintodte wieder zu sich kam.

Die Abwesenheit der natürlichen Wärme und der Bewegung klärt auch nicht viel auf. Bei dem vom Schlage getroffenen Menschen ist die Wärme nach dem Tode nichts seltenes, nur im Gegentheile hat man Beispiele hysterischer Bewegungen, die sich in ihren Ohnmachten wie ein marmornes Bild anfühlen liessen, ohne deswegen tedt zu seyn, und es versteht sich wohl von selbsten, daß bei allen erzählten Umständen allgemein die Bewegung aufgehört habe, ohne daß deswegen dieselbe auf immer ausgeblieben wäre.

Die

Die Steifigkeit der Gliedmaßen ist auch nicht hinreichend. Man hat Leute sich wieder erholen gesehen, die in harten Wintern, wie ein Scheit Holz starr gefroren waren, und die mehresten in kaltem Wasser ertrunkene Unglücklichen, welche nach vieler Verwendung erst wieder könnten hergestellet werden, waren ganz steif.

Ein eben so betrügliches Kennzeichen ist das Hinabsinken der untern Kinnlade und das Nachgeben verschiedener Schließmuskeln. Denn warum sollten die den Unterkinbacken in die Höhe ziehenden Muskeln nicht gleich andern, auf eine nur kurze Zeit, in einer Art von Unthätigkeit unterhalten werden können, ohne daß diese jedesmal eine tödtliche Lähmung nennen wären. Uebrigens weiß man zum Ueberfluß, daß in vielen leichten Ohnmachten mancher Menschen Urin und Koth unwillkührlich abgehet, ohne daß deswegen auch der Tod darauf erfolge. In wie vielen Fällen geht nicht bei noch deutlich lebenden, wachenden aber kranken Menschen der Unrath wider Wissen und Willen ab.

Auch das Stehen des Bluts ist kein Entscheidungsmerkmal, denn man hat aus den Gefäßen einer Leiche, die zerschnitten worden, nur allzuoft Blut fließen gesehen, als daß man sich auf dieses Zeichen berufen sollte.

Das

"Das Brechen der Augen ist auch trüglich. Portal bemerkte, daß bei Erstickern, und bei denenjenigen die keines langsamen Todes gestorben, die Augen manchmal noch den dritten Tag nach dem Tode hell und sogar heller sind, als wie sie selbst am Leben waren, auch Frank fand bei einer Gebährerin nachdem ihr schon vor 4 Stunden von einem Wundarzt die Gebährmutter gradweg aufgeschnitten worden, die Hornhaut noch so durchsichtrig helle, daß er sich der genauen Zergliederung dieses Körpers noch nicht zu unterziehen getraute, besonders da das Angesicht dieser Unglücklichen, noch nichts von einem Todten auf sich hatte, und sämtliche Gliedmaßen noch sehr beugsam waren.

Die Fäulniß ist das einzige sichere Kennzeichen des wirklich erfolgten Todes, wenn sich solche anfängt über den Körper auszubreiten. Man sieht wohl ein, daß bis dieses Kennzeichen eintreffe, viel Ungewißheit herrschen muß, und daß viel Zeit erforderlich ist, während welcher man nicht weiß, was man von dem Zustande der Verstockung zu denken habe. Und was uns hier noch mehr schwankend machen muß, ist daß sich Gesicht und Geruch, die alleinigen Richter in dieser Sache, durch das Ansehen einer, nur die Oberfläche einzler Theile des Körpers verwüstenden Fäulniß, und durch die flüchtigen, aashaft riechenden Ausdünstungen einer

blossen

bloßen Unsauberkeit zuweilen sehr betrogen finden. Man weiß daß der kalte Brand, einen großen Theil von uns zernichtet haben kann, ohne daß deswegen das Ganze schon verlohren seye. Haller sagt demnach mit Recht „Ich halte nicht dafür, daß die anfangende Fäulniß für ein gewisses Zeichen des wirklichen Todes angenommen werden möge? da sie nicht sehr selten, sogar im lebenden dem Tode nahen Menschen so vorhanden ist, daß dieser selbst seinen nahen Todeszustand vorher gerochen hat„ Die Zeit allein muß also unter Zusammenhalten der angeführten Kennzeichen das mehreste immer selbst lehren. Aus dem wohl beobachteten Verlaufe der vorausgegangenen Krankheit, und in Bemerkung der gradweise aufeinander gefolgten Kennzeichen der Abnahme natürlicher Kräfte und des Lebens Verrichtungen, machen einen nicht verwerflichen Grund aus, sich über den gewissen Tod einzler Personen zu beruhigen, und hier haben die langwierigen Todesgattungen allerdings mehr Gewicht in Rücksicht der sichern Bestimmung des wirklichen Verscheidens, dann die hitzigen Krankheiten und plötzlichen Zufälle, worunter der Kranke erblichen ist.

§. 164.

§. 164.

Das in der Bährmutter verschloſſene Kind, ſtirbt zwar meiſtens vor, oder bald nach ſeiner Mutter dahinſterben.

Sobald die noch unentbundene Mutter, entweder an einer beſondern Krankheit oder unter den Wehen, dem äuſſerlichen Anſehen nach, oder auch wirklich erblichen iſt, ſo iſt natürlicher Weiſ zu befürchten, daß ihre Leibesfrucht das nemliche Schickſal erfahren werden, beſonders wenn der natürliche Tod erſt nach einer langen Geburtsarbeit erfolgt iſt, wo denn meiſtens das, auch noch ſo geſchwind ausgeſchnittene Kind ſchwach und dem Tode gleich angetroffen wird. So verflieſſet doch mehrentheils eine merkliche Zeit, in welcher das verſchloſſene Kind, auch ſogar die deutlichſten Zeichen ſeines noch kräftigen Lebens von ſich giebt: und daß man zuweilen in Fällen, wo auch dieſe äuſſerliche Zeichen fehlten, dennoch wider alles Vermuthen, noch lebende Kinder von der todten Schwangern ausgenommen hat. Und in dieſem Fall übernimmt die Leibesfrucht den Kreislauf ihrer Säfte, und weiß denſelben ſo zu betreiben, daß ein ſchwaches Leben noch eine geraume Zeit unterhalten werden möge.

§. 165.

§. 165.

Folgerungen.

Aus solchen Betrachtungen erhellet:

1) Daß es leicht seye, eine Schwangere für todt anzusehen, die es noch nicht wirklich ist; und daß man überhaupt vor Verlauf von zweimal 24 Stunden kein untrügliches Kennzeichen des gewissen Todes bestimmen könne;

2) Daß ein unentbundenes Kind zwar oft mit, oder bald nach seiner Mutter zu sterben pflege; aber

3) Zuweilen auch dieselbe noch um eine merkliche Zeit überleben könne.

Hieraus folgt natürlich der Schluß daß man

a) Alles anwenden müsse, um das vielleicht noch lebende Kind aus dem mütterlichen Schooß zu ziehen; daß es aber

b) Nicht gleichgültig seye, wie solches geschehe; sondern daß Wege einzuschlagen sind, wodurch für das kindliche Leben gesorget werde, ohne daß der vielleicht noch lebenden Mutter dabei eine tödtliche Wunde versetzt werde.

§. 166.

§. 166.

Nothwendigkeit des Kaiserschnitts.

Da jede Obrigkeit es sich zur Pflicht macht, alles was schwangern Personen schaden kann, zu entfernen, und auch den Keim eines Menschen als einen nicht todten Theil der Gesellschaft betrachte, welche einen billigen Anspruch auf den Schutz zu machen hat, welchen das gemeine Wesen jedem menschlichen Geschöpfe schuldig ist. Aus diesem Gesichtspunkte betrachtet, erhellet an und für sich ganz deutlich, daß wenn eine mit einer Leibesfrucht gesegnete Mutter denen vielen beschwerlichen Uebeln, welchen sie während der Schwangerschaft ausgesetzt ist, noch ehe sie das Ziel ihrer Geburt erreicht habe, unterliegen, oder während der Geburt versterben sollte, daß alsdann jede Obrigkeit zur Ehre der Menschheit verbunden und verpflichtet ist, alles mögliche anzuwenden, um das Leben des zukünftigen Weltbürgers zu retten, und dem Staate durch Ausziehung des Kindes aus dem mütterlichen Schoos ein brauchbares Subjekt zu erhalten. Diese Nothwendigkeit hat man schon lange eingesehen, und ein alter Schriftsteller hat uns das würdige Gesetz des Numa aufbehalten,

wel-

welches noch zu unsrer Zeit unter dem Namen des
königlichen Gesetzes bekannt ist. Ferner befahl
im zwölften Jahrhundert der Bischoff Odon zu
Paris, daß die unter dem Gebähren verstor=
benen Schwangern, wenn man glauben könnte,
daß das Kind noch lebte, geöffnet werden soll=
ten. Das Concilium zu Langres verlieh 1404
allen denen, welche bei solchem Vorfalle diese
Operation anrathen würden 40 Tage Ablaß.
Und auf das Wort des würdigen Morgagni
befähl auch Benedict XIV. diese Eröffnung.
Hieher gehört auch die Sicilianische Erneue=
rung des alten Römischen Gesetzes von 1749.
„Wer immer, heißt es, durch List, Hinderniß,
oder Nachläßigkeit die Eröffnung schwanger
verstorbener Mütter, oder den sogenannten
Kaiserschnitt, in derlei Fällen zum größten
Nachtheil der Leibesfrucht verhindert, oder
verspätert hat, der soll als ein Mörder gehal=
ten werden.„ Allen königlichen Beamten wur=
de zugleich auferlegt „daß sie mit dergleichen
Verbrecher aufs schärfste zu Werke gehen, die=
selben in gefängliche Verhaft ziehen, nach den
Gesetzen des Reichs richten, und nach den Um=
ständen nach Maßgabe ihrer gebrauchten List,
Vernachläßigung, und im Verhältniß mit der
Natur ihres Vergehens, mit jenen Strafen
belegen sollen, womit andere Mörder hinge=
richtet zu werden pflegen.„

Der

Dergleichen wurde auch in denen Oesterreichischen Erblanden die Eröffnung der Schwangern durch eine besondere Verordnung vom 13ten April 1757 anbefohlen. Die Reichsstadt Ulm hat im Jahr 1740 schon eine solche Verordnung. Und 1786 verordnen zu Frankfurt am Main, Bürgermeister und Rath; "Daß mittelst Zuziehung und Berathung eines Arztes die Hinterlassene sich augenblicklich des wirklichen Ablebens der für todt geachteten Person versichern, und sofort, alsogleich, und ohne den geringsten Aufschub, es seye bei Tag oder bei Nacht, unangesehen, ob die Verblichene ihrer Niederkunft nahe gewesen, oder nicht, nach Ermessen des Arztes die Eröffnung des Leichnams vornehmen lassen."

Aller dieser heilsamen Verordnungen ohnerachtet ist diese der Menschheit so interessante Operation an den mehresten Orten in Vergessenheit gekommen, ja die wenigsten Juristen wissen nicht, daß ein Gesetz über diesen Vorfall in Corpore juris befindlich; und doch wird manche Weibsperson als Kindermörderinn bestraft, die in der Angst ihr Kind an einen Ort hingelegt, und welches nachher durch Zufall verunglückt ist.

Billig

Bülly sagt demnach weiter „Es ist eine schändliche, grausame und mit der christlichen Liebe im geringsten nicht übereinstimmende Handlung, wenn einer die in einer todten Bärmutter eingeschlossene annoch lebende Leibesfrucht, sich selbst und also einem gewissen Tod überläßt; ja wie es nicht selten geschiehet mit der Mutter begräbt. Billig sollten alle vernünftige und christliche Obrigkeiten durch strenge Gesetze bestimmen daß alle verstorbene Schwangern nicht nur vor ihrem Begräbniß, sondern alsobald nach ihrem Verscheiden geöffnet werden, damit die Leibesfrucht ausgezogen, und das Sprüchwort nicht in Erfüllung komme, man habe einen zukünftigen Bürger welchen man erhalten können, umgebracht. Die Fürsten strafen mit Recht diejenigen Mädchen, welche ihre Kinder verbluten, oder auf sonstige Art durch Fahrläßigkeit umkommen lassen. Um desto mehr muß man sich verwundern daß diejenige nicht gestraft werden, durch deren Schuld oder Nachläßigkeit die lebende Kinder in Mutterleibe zu Grunde gehen müssen; da ich doch glaube daß beide Theile in gleichem Grade sich eines Verbrechens schuldig gemacht, und also auch gleiche Strafe verdient haben.

Besonders aber wäre noch zu wünschen, daß die Verordnung von Eröffnung der verstorbenen Schwan=

Schwangern auch noch auf jene Perſonen ſich erſtrecke, die mit Verdacht einer vorhergegangenen Geburt verſchieden ſind, damit bekannt werde, ob dergleichen Perſonen in der Geburt, oder an Gift von fremden oder von eigenen Händen geſtorben ſeyen. Frank ſagt über dieſen Gegenſtand folgendes: „ Die Polizei muß ſcharf darauf ſehen, daß ledig Schwangere, oder ſolche, die deßwegen in Verdacht ſtehen, wenn ſie ſterben ſollten, nie begraben werden, ohne vorher behutſam geöffnet worden zu ſeyn. Gar oft ſind dergleichen Unglücklichen, das Opfer der Verſuche, welche ſie die ganze Schwangerſchaft hindurch machen, durch die ſchärfeſten Arzneien, die verſchloſſene Frucht abzutreiben. Es iſt ſogar zuverläßig, daß gottloſe Urheber ihres Unglücks, damit ihre Schande verdeckt bleibe, nachdem ſie lange genug die Abſichten der Verführten durch Abtreibmittel zu befördern ſich bemühet haben, endlich ihnen Giftmittel unter dieſem Namen beigebracht, und dadurch die leichtgläubigen Unglücklichen, noch vor der Geburtszeit heimlich aus der Welt geſchaft haben. Man weiß aus leidigen Erfahrungen zu viel, daß die Leidenſchaft eines Böswichts ſelbſt an dem ehemaligen Gegenſtand ſeiner fleiſchlichen Triebe Thaten vollführen kann, deren Ausübung in jedem gemeinen Weſen um ſo leichter iſt: weil ein geſchändetes Mädchen von

der

der Hand seines Liebhabers, welche allein mit ihrem wahren Zustand bekannt ist, alles begierig annimmt, und nichts weniger ahnet, als daß sie an dem Urheber ihres ersten Unglücks, auch noch einen Vergifter finden werde."

§. 167.

Bestimmung der Zeit wo die Schwangere geöffnet werden möge.

Es sollte nie erlaubt seyn, eine Schwangere zu öffnen, ausser

1) Wenn eine schwere Krankheit oder sonst tödtliche Zufälle vor ihrem Dahinscheiden bemerkt worden.

2) Wenn das Athemholen, nach allen deshalb angestellten Versuchen gänzlich aufgehöret.

3) Wenn kein Puls mehr zu fühlen ist.

4) Wenn alle und zwar die geringste Bewegung, ausser jene des Unterleibes vom verschlossenen Kind, verlohren gegangen.

5) Wenn alle menschliche Hülfsmittel umsonst verwendet worden, die gegen Ohnmachten, Muttererstickungen u. s. w. wirksam zu seyn pflegen.

6)

6) Wenn durch Zuſammenhaltung aller Er-
ſcheinungen mit gröſter Wahrſcheinlichkeit auf
den wirklichen Tod der Mutter geſchloſſen werden mag, welches um ſo leichter ſeyn wird,
je weniger die Schwangere vormals den Mut-
terzufällen, Ohnmachten, und Erſtickungen er-
geben war.

§. 166.

Was vor Vorſicht beim Schnitt zu beobachten.

Beim Schnitt ſelbſten iſt zu wünſchen, daß
jede Obrigkeit den Arzt und Wundarzt ernen-
nen möge, welcher in vorkommendem Fall die
Operation zu verrichten hat. Der Rath zu
Venedig verordnete in dieſem Fall „ daß eine
Geſellſchaft von Aerzten dem Rathe die Namen derjenigen Männer, welche zu dieſer Operation am fähigſten ſind, abgeben und dieſes
Namenverzeichniß ſodann öffentlich in jeder Apo-
theke angeſchlagen werden ſolle, damit die
ängſtlichen Bürger in dergleichen Unglücksfällen
ſogleich die nöthige Hülfe zu ſuchen wußten,,.
Dieſen Männern mußte ex Aerario jährlich ein
gewiſſes gereichet werden, ſie aber alsdann verbunden ſeyn, zu jeder Stunde dergleichen Unglücklichen ohne die geringſte Rückſicht in Anſe-
hung

dung des Standes ohnentgeltlich beizuspringen. Dieses Salarium muß nach der Wichtigkeit der Operation, und den jetzigen Zeitläuften gemäs geschätzet werden; denn hier kommt es nicht auf Rezepte und Arzneien an; sondern es wird ein Muth Entschlossenheit und Gegenwart des Geistes erfordert, die nicht bei jedem Subjekt anzutreffen sind, auch müssen Instrumente angewendet werden, die dem Chirurg und Akkuschör viel Geld kosten, und zu unterhalten noch immer kosten „Auf die Rettung im Waßer verunglückter Menschen, sind hin und wieder schon Prämien gesetzt, aber noch keinem Landesfürsten scheint es eingefallen zu seyn, demjenigen eine Belohnung zu bestimmen, der eine noch weit hülfloser Kreatur aus Mutterleibe rettete, ohnerachtet ihnen schon mancher redlicher Arzt die Veranlaßung dazu sehr nahe gelegt, und das große Beispiel heidnischer Könige vorgehalten hat. Sagt die A. d. B. „

Ferner müßen die Fälle erörtert werden, wo man die Frucht durch den Kaiserschnitt, oder durch die natürliche Wege von der verstorbenen Mutter nehmen müße. Im Fall der Kopf in der Beckenhöle stecken geblieben wäre, müße man durch die englische verbesserte Zange forthelfen: oder wenn ein andrer Theil vorliegt, das Kind durch die Wendung auszie-

Ji 5   hen.

-hen. Sind die natürlichen Geburtswehen an der Verhinderung der Geburt schuld, so muß man untersuchen, ob der Kaiserschnitt oder die Schaambeintrennung statt findet, und sollte der Kaiserschnitt Platz greifen, jederzeit das weise Gesetz des Raths zu Venedig beobachten. „Daß bei erblichenen Schwangern, von welchen man noch eine lebende Frucht zu ziehen hoffen kann, dieselben nicht durch einen sogenannten Kreuzschnitt, wie sonst bei todten Körpern geschieht; sondern durch einen geraden und einfachen Einschnitt, aus der Gebährmutter genommen werden sollte: damit wenn wider Vermuthen, die Mutter wieder zu sich käme, dieselbe noch erhalten und geheilet werden könnte."

§. 167.

Zweiter, und dritter Fall.

Wenn aber die Schwangere noch lebt, und die Leibesfrucht todt ist, oder beide leben, und dennoch keine natürliche und künstliche Entbindung durch die natürlichen Wege möglich ist; dann bleibt uns freilich nichts anders übrig, als unsere Zuflucht zum Kaiserschnitt zu nehmen.

Die

Die Anzeigen zu dieser Operation sind.

1) Wenn die Leibesfrucht, entweder in dem Eierstock, oder der Fallopischen Röhre, oder der Höhle des Unterleibs liegt.

2) Wenn sie in einem Bruch ausserhalb der Höle des Unterleibs befindlich, wie Sennert und Hildan bemerkt haben.

3) Wenn ein Kallus, oder Scirrhus, oder ein Osteatom, oder ein Knochenauswuchs, an dem Schaam oder Schwanzbein vorhanden, wodurch der Frucht der Ausgang unmöglich gemacht wird.

4) Wenn eine sehr widernatürliche Enge des Beckens, oder aller Geburtstheile vorhanden, daß die Leibesfrucht nicht gebohren, noch durch Wendung, noch Zange geholet werden kann.

In diesen Fällen muß man getrost zur Operation schreiten, es mögen furchtsame Aerzte, oder Weiber ihre Stimm, wie eine Posaune dagegen erheben. Die Ueberzeugung rechtschaffen und nach Vernunft gehandelt zu haben, macht, daß wir uns ruhig über die Vorurtheile und Lästerungen des Pöbels erheben können.

§. 168.

§. 168.

Ob die Trennung der Schaambeinknochen vor dem Kaiserschnitt den Vorzug verdiene.

Die Trennung der Schambeinknochen ist von großem Nutzen, allein sie findet nur darinn statt, wo solche Hindernisse in dem Bekkenbau, oder am Kopfe des Kindes sind, die durch eine Erweiterung des Bekkens von zwei oder drei Zoll überwunden werden können. Ob nun aber nicht durch diese ausserordentliche Ausdehnung der Theile, z. B. des Kitzlers, der Urinblase, der Blutgefäße und Nervenbündel im Bekken, der Knorpelfügung des Heiligenbeins mit dem Ungenannten, Druck, Quetschung, Entzündung, bleibender Schmerz, Lahmgehen, und Hinken entstehe, ist eine andere Frage! Nach Sankzowsky konnte die erste Heldin Madame Souchot im zehenden Monat nach der Operation noch nicht bequem gehen, nur mit harter Mühe die Treppe steigen, und in dem untern Winkel des Einschnitts war eine Harnfistel und unwillführlicher Abgang des Urins, sie klagte über Schmerz in beiden Schenkeln, und war überhaupt kränklich.

Ist der Kopf des Kindes im schiefen Durchmesser des Bekkens eingetreten, dann ist diese Operation nutzbar: der Augenschein lehrt es schon, und eine bloße Fadenmessung, giebt den überzeigenden Beweis. Nimmt man aber an, der Kopfe müße durchaus am kleinen Durchmesser des Bekkens eintretten, so kann der Schnitt nichts helfen, dann diese Linie wird alsdann wenig oder gar nicht verlängert.

Daß aber dieser Schnitt den Kaiserschnitt an Nutzen und Vortheil übertreffen sollte, daran ist zu zweifeln. Der verdienstvolle Herr Hofrath Starke nahm an seinen Versuchen bei Thieren und verstorbenen Menschen jederzeit wahr, daß jederzeit die Heilig= und ungenannten Beinknorpelfügung viel leiden, und die Bänder vieles leiden, ja selbsten bei der Wiederzusammenfügung und dem Verband müssen nothwendig manche Gefäßgen und Nerven in der Fügung gequetscht werden. Und im Ganzen kann man immer behaupten, daß wo die Schaambeintrennung aufhören muß, da kommt der Kaiserschnitt noch immer fort, und beendiget das Werk.

Daher wo der Durchgang durch das Bekken, entweder von der widernatürlichen Verwach=

wachsung der weichen Theile ganz verschlossen ist, oder durch fehlerhaften Bau des Bekkens, oder durch widernatürliche Auswürfe so verengt ist, daß wenn es sich auch noch etliche Zol auswinkele, doch der Kopf nicht durchgehen kann, so ist kein anderes Hülfsmittel, Mutter und Kind oder doch eins von beiden zu retten, als der Kaiserschnitt.

§. 169.

Beschreibung der Operation.

Man öffnet vor der Operation dem Frauenzimmer an dem Arm eine Ader, und läßt nach Beschaffenheit der Umstände bis ein Pfund Blut laufen. Den Darmkanal entledigt man durch eine Klystire, und wenn es nothwendig die Harnblase durch den Katheder. Man legt hierauf die Kreißende auf ein bequemes Bett, welches man von allen Seiten umgehen kann, überdeckt das Gesicht mit einem Tuch — sucht die gröste Erhabenheit des Unterleibs, zeichnet sich in Gedanken auf der weißen Linie eine Länge von sechs Zoll, und macht einen Einschnitt einen halben Zoll unter dem Nabel, so daß man durch einen gemäßigten Druck und Zug des Messers die Fetthaut bis auf die Muskeln durchschneidet, und mit dem flachen
Theil

Theil der linken Hand von der rechten Seite die Haut auseinander zieht.

Hierauf durchschneidt man mit einem vorsichtig geführten Zug und Druck des Messers die Muskeln samt dem Darmfell, bringt nach unten zu zwei Finger ein, und erweitert die Wunde mit dem Bistourie bis zur nöthigen Weite. Zugleich lasse man einen Assistenten durch einen gemäßigten Druck mit der Hand auf die Nabelgegend das Herausfallen der Gedärme verhindern.

Nun öfnet man durch einen ähnlichen Einschnitt die Gebährmutter, welchen man durch Einstecken des Zeigefingers der linken Hand, unterhalb dem Messer dirigiret, um nichts von dem Kinde zu verletzen. Man gehet hierauf in die Gebährmutter, und holet das Kind mit der Nachgeburt heraus. Beim Einschnitt in die Gebährmutter muß man so geschwind als möglich verfahren, weil die Fasern unter dem Messerzug auseinander gehen und reisen, so daß es mehr eine gerissene, als geschnittene Wunde ist, diese heilen bekanntlich schwerer als die scharf geschnittenen, und um mehrerer Sicherheit willen, muß man die Nachgeburt gleich durch die Wunde lösen, und mit ihr ja sorgfältig alle Häute wegnehmen.

Nun

Nun deckt man ein warm Tuch auf die Wunde, und untersucht, ob Blut durch den Muttermund und die Scheide herausfließt. Nun sucht man mit einem in warm Wasser getaugten Schwamm die blutigen Feuchtigkeiten aufzusaugen und die Theile so viel als möglich von geronenen und flüßigen Blut zu reinigen. Alsdann bringt man die Lefzen der Wunde so nahe zusammen als möglich, zieht sie durch gute Heftpflaster noch näher aneinander, nur läßt man an dem untern Winkel etwas Oeffnung, um eine mäßige Wicke mit einem Faden hineinzubringen. Hierauf legt man noch etwas Plumaceaux eine Kompresse, und in der Mitte auf die Wunde, und an die Seiten zwei etwas dickere Kompressen, um die Lefzen näher an einander zu pressen, und die Bauchhöhle verengern zu können. Ueber dieses legt man zur Befestigung eine Zirkelbinde.

§. 170.
Behandlung nach der Operation.

Ueberfällt die Patientin nach der Operation eine Schwachheit, wird sie blas, der Puls klein, die Augen trübe, so giebt man ihr etwas

was Liquor Cornucervi succinatus mit Zucker, und läßt an flüchtigem Eßigsalz riechen. Um den starken Blutabgang zu vermindern schlägt man Eßig und Wasser über den Unterleib, vorzüglich auf die Schaamgegend und Dickbeine. Man hält die Patientin an eine strenge Lebensordnung, läßt sie blos Limonade, oder Zwieback und Citronen mit Wasser abgekocht trinken, und etwas Wassersuppe mit weissem Brod genießen. Aeussert sich ein Schmerz den Nachwehen ähnlich, so dient eine Tasse Kamillenthee. Um die Reinigung des Darmkanals zu befördern, dient ein Tränkgen aus Tamarinden, Salpeter und Weinsteinrahm, oder ein Mannatränkgen, oder blosse Tamarindenmolken. Oftmals wird der Gebrauch aller innerlichen Arzneien durch das beständige Erbrechen gänzlich vereitelt und dann bleibt nichts übrig, als die gewöhnlichen Getränke zu geben, und man verordnet Klystire wechselsweis aus Manna und Glaubersalz, oder aus einem gesättigten Aufguß von römischen Kamillen, 2 Loth Meerzwiebelhonig, und einen Eßlöffel voll Weineßig, oder auch aus Kamillen und Tamarinden. Legen sich die Zufälle nicht, wird der Puls hart, voll und geschwind, der Unterleib empfindlich, und entstehen starkes Reissen und Kneipen, so giebt man ein Klystier aus Kaffee, legt eine Salbe aus gleichen Theilen Altheesalbe und

Ochsengalle, als ein Pflaster über den ganzen Unterleib so weit es der Verband erlaubt, oder man reibt folgendes Mittel ein.

R. Spirit. Matricar. Unc. 3.
Essent. Galban.
Tinct. Thebaic. aa. Unc. 1/2
Misce.

In die äusere Wunde sprüzt man einen dünnen Absud, von Chinarinde und Arnikakraut so lange ein, bis das Eingesprüzte nichts mehr anders gefärbte herausbringt. Damit die ausserordentliche Aufblähung des Unterleibs der Wunde nicht etwann zuviel schaden möge, legt man über die Zirkelbinde eine Kreuzbinde mit zwei Köpfen an. Auf dem Rücken wird sie so angelegt, daß das Kreuz auf die Wunde kommt, der eine Kopf von aussen über die Schenkel lauft, zwischen diesen wieder heraufkommt, in der Leistengegend in die Höh wieder nach dem Rucken, wo sie einander begegnen, und mit den sich begegnenden Bändern in den Weichen befestiget werden. Diese hält nun die Wunde und den ganzen Unterleib fürtrefflich zusammen. Lassen die Zufälle nach, so giebt man innerlich einen Aufguß von China mit isländischem Moos, giebt nach und nach etwas in der Diät zu, und behandelt die Wunde nach den allgemeinen Regeln der Chirurgie.

Errata.

S. 3. Z. 24. schlichten statt schlechten.
S. 4. Z. 3. un, — statt an.
S. 6. Z. 24. preux statt Prenx.
S. 14. Z. 8. Gefühls statt Gesichts.
S. 18. Z. 5. es — statt er.
S. 22. Z. 16. da statt die.
S. 45. Z. 27. nach — statt noch.
S. 68. Z. 22. nimmt statt mit.
S. 72. Z. 7. Man statt Wer.
S. 164. Z. 21. Fern statt ferner.
S. 165. Z. 9. würdigeres statt würdiges.
S. 188. Z. 22. Diät, statt Diäs.
S. 191. Z. 1. Concif. statt Coneres.
Ibidem. Menf. statt Meis
S. 206. Z. 11. Hämorhoiden statt Hämoroyden.
S. 391. Z. 2. Thebaisches, statt Thabaisches.
S. 430. Z. 4. Einbringung statt Einbringun.
S. 441. Z. 21. und statt mun.
S. 442. Z. 14. geringes statt ganzes.
S. 543. Z. 20. Trill statt Toll.
S. 451. Z. 13. könnte statt könnten.
S. 454. Z. 18. Repertorium statt Repetorium.
S. 455. Z. 5. keimen statt keinen.
Ibid. Z. 16. dort statt dnr.
S. 464. Z. 2. Verwahrungs statt Verehrungs.

www.ingramcontent.com/pod-product-compliance
Lightning Source LLC
Chambersburg PA
CBHW020128170426
43199CB00009B/686